彩图 4-1　草炭

彩图 4-2　蛭石

彩图 4-3　珍珠岩

彩图 4-4　叶插

彩图 4-5　枝插

彩图 4-6　根插

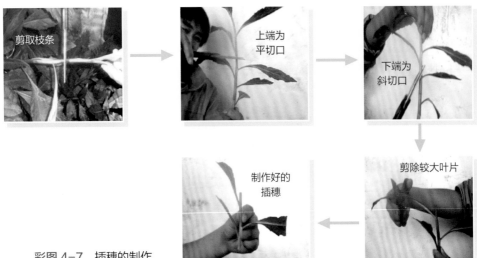

剪取枝条

上端为
平切口

下端为
斜切口

剪除较大叶片

制作好的
插穗

彩图 4-7　插穗的制作

彩图 5-1　永久性种植槽

彩图 5-2　临时性种植槽

彩图 5-3　布设滴灌软管

彩图 5-4　基质装钵

彩图 5-5　播种

彩图 5-6　播种后浇透水

彩图 5-7　冬春育苗需搭小拱棚

彩图 5-8　黄瓜适龄壮苗

彩图 5-9　黄瓜幼苗定植

彩图 5-10　黄瓜吊蔓

彩图 5-11　黄瓜绕蔓

彩图 5-12　长条状栽培袋

彩图 5-13　铺设滴灌管

彩图 5-14　番茄幼苗定植　　　　　　彩图 5-15　番茄吊蔓

彩图 5-16　番茄绕蔓

彩图 5-17　蘸花　　　　　　　　彩图 5-18　番茄落蔓

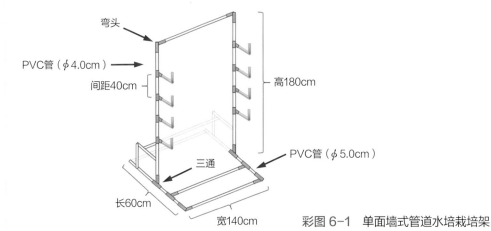

弯头

PVC管（φ4.0cm）

间距40cm

高180cm

三通

PVC管（φ5.0cm）

长60cm

宽140cm

彩图 6-1　单面墙式管道水培栽培架

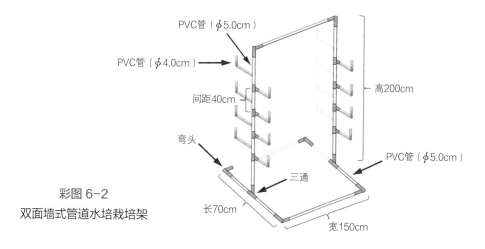

PVC管（φ5.0cm）

PVC管（φ4.0cm）

间距40cm

高200cm

弯头

彩图 6-2
双面墙式管道水培栽培架

三通

PVC管（φ5.0cm）

长70cm

宽150cm

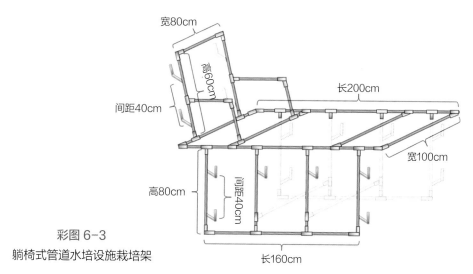

宽80cm

高60cm

间距40cm

长200cm

宽100cm

高80cm

间距40cm

彩图 6-3
躺椅式管道水培设施栽培架

长160cm

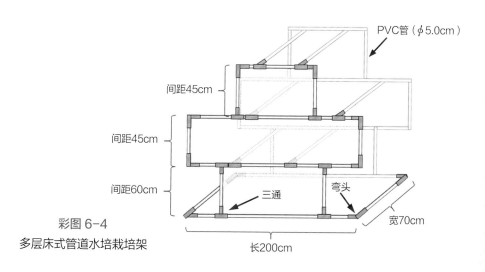

PVC管（φ5.0cm）

间距45cm

间距45cm

间距60cm

三通

弯头

宽70cm

彩图 6-4
多层床式管道水培栽培架

长200cm

彩图 6-5　单面墙式管道水培设施

彩图 6-6　双面墙式管道水培设施

彩图 6-7　躺椅式管道水培设施

彩图 6-8　多层床式管道水培设施

彩图 6-9　单面墙式
立体管道水培莴苣

彩图 6-10　双面墙式立体管道水培苦苣菜

彩图 6-11　躺椅式立体管道水培生菜

彩图 6-12　多层床式
立体管道水培空心菜

彩图 6-13　水培槽

彩图 6-14　栽培立柱

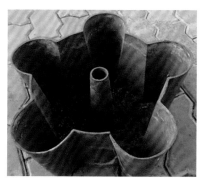

彩图 8-1　五花盆

彩图 8-2　组配基质并加入底肥

彩图 8-3　五花盆填装基质

彩图 8-4　五花盆
上下垛叠建成栽培立柱

彩图 8-5　供水系统

彩图 8-6　苗床播种

彩图 8-7　苦苣菜适龄壮苗

彩图 8-8　移栽苦苣菜幼苗

彩图 8-9　长成的苦苣菜

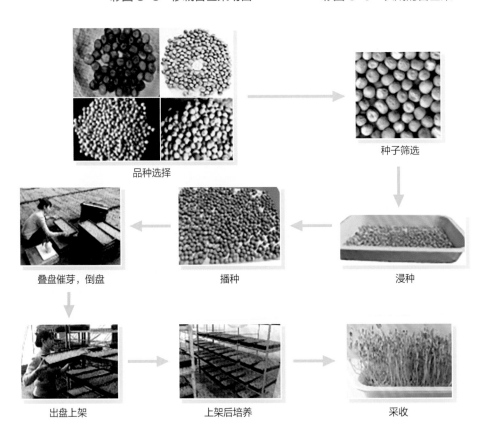

品种选择　　　　种子筛选

叠盘催芽，倒盘　　　播种　　　浸种

出盘上架　　　上架后培养　　　采收

彩图 9-1　豌豆苗立体育苗盘生产操作步骤

蔬菜无土栽培
实用技术

彭世勇 等 编著

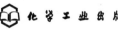
化学工业出版社

·北京·

内 容 简 介

本书系统地介绍了无土栽培的概念、类型、特点、发展历史及应用范围,无土栽培基地规划与环境调控技术,营养液的配制和管理,无土育苗技术,无土栽培固体基质的理化性质、选用原则、组配方法和栽培设施的结构、建造与管理技术,水培技术,以及主要蔬菜作物的无土栽培理论知识和操作管理要点等。

本书内容丰富,资料翔实,科学性、实用性和可操作性强,适合蔬菜生产者、种植大户、农技推广人员,以及农业院校蔬菜、园艺等相关专业师生阅读参考。

图书在版编目 (CIP) 数据

蔬菜无土栽培实用技术/彭世勇等编著. —北京:化学工业出版社,2021.3 (2024.11重印)

ISBN 978-7-122-38294-8

Ⅰ.①蔬… Ⅱ.①彭… Ⅲ.①蔬菜-无土栽培 Ⅳ.①S630.4

中国版本图书馆 CIP 数据核字 (2020) 第 264645 号

责任编辑:冉海滢 刘 军　　　　　文字编辑:李娇娇 陈小滔
责任校对:王佳伟　　　　　　　　　装帧设计:关 飞

出版发行:化学工业出版社(北京市东城区青年湖南街 13 号　邮政编码 100011)
印　　装:河北延风印务有限公司
710mm×1000mm　1/16　印张 11½　彩插 4　字数 224 千字　2024 年 11 月北京第 1 版第 8 次印刷

购书咨询:010-64518888　　　　　　售后服务:010-64518899
网　　址:http://www.cip.com.cn
凡购买本书,如有缺损质量问题,本社销售中心负责调换。

定　价:49.80 元

本书编著人员

彭世勇（辽宁农业职业技术学院）

刘淑芳（辽宁农业职业技术学院）

孟凡丽（辽宁农业职业技术学院）

牛长满（辽宁农业职业技术学院）

前言

无土栽培是一种以植物矿质营养学说为核心理论逐步发展和不断完善起来的体现先进生产力的技术，在国外已被广泛采用。但我国无土栽培的研究和应用是在20世纪70年代后期才开始的，目前正日益为企事业单位、科研院所和广大农民朋友所接受，推广面积迅速扩大，栽培质量得到了大幅度的提高。随着保护地生产的发展和现代化栽培管理水平的提高，无土栽培更加受到重视，并逐渐发展到机械化、规范化和智慧化的新水平。不仅无土栽培的作物种类大为增加，而且其产量也在不断提高。生产实践证明，无土栽培能够促使农作物生产实现高产、高效、优质和无污染化，农产品符合绿色食品质量标准，也有利于实现工厂化生产的规范化、标准化，是我国农业从传统农业向现代化农业迈进的关键。另外，我国是缺水大国，应大力提倡发展节水型农业，可以说无土栽培是实现传统农业向节水农业转变、实现集约化生产的根本途径。从上述意义上讲，无土栽培作为一种现代化栽培新技术推广应用于农业生产具有举足轻重的作用。

在本书编写过程中，笔者结合多年从事无土栽培科研、生产和教学的实践，融进了大量的工作经验、技术和创新点，参考了国内外先进的无土栽培模式和栽培管理技术。本书内容力求简单实用、通俗易懂，而又密切结合当前无土栽培生产的实际。既突出理论指导作用，又强调技术的科学性、可操作性、实用性和先进性。另外，充分考虑了无土栽培与传统土壤栽培的区别和联系，加强了无土栽培内容与作物栽培管理知识的结合。

本书第1章和第9章由牛长满编写；第2章、第6章、第8章和第10章由彭世勇编写；第3章和第4章由刘淑芳编写；第5章和第7章由孟凡丽编写。书稿完成后由彭世勇统一审稿和定稿。

由于时间仓促，编者水平有限，疏漏之处在所难免，敬请广大读者批评指正。

编著者

2020 年 10 月

目录

第7章 果菜类蔬菜、水果无土栽培   113

第8章 叶菜类蔬菜无土栽培 — 131

第1章

概 述

1.1 无土栽培的含义和类型

1.1.1 无土栽培的含义

不用土壤而是用营养液和基质，或单纯用营养液栽培植物的方法，称为无土栽培。其核心是用营养液取代了传统的土壤，因此亦可叫作营养液栽培。这种人工创造的植物根系环境，不仅能满足植物对矿质营养、水分及空气条件的需求，而且能人为地加以调控，来满足甚至促进植物的生长发育，并发挥植物最大的生产潜力，从而获得最高的经济效益或观赏价值。

无土栽培使人类克服了几千年以来受大自然环境支配的局限性，且把农业生产推向工业化生产和商业化生产的新阶段，成为未来农业的雏形。可以说无土栽培是继 20 世纪 60 年代世界农业"绿色革命"之后兴起的一场新的"栽培革命"。当今，无土栽培正被日益广泛地应用于蔬菜、花卉及果树等作物生产上，并已取得了较好的社会效益和经济效益。

1.1.2 无土栽培的类型

无土栽培的种类很多，但目前尚没有统一的分类方法。根据在生产过程中是否使用较多的固体基质锚定植物根系，可以将其分为基质栽培和无基质栽培两大类型（图 1-1）。

（1）基质栽培 基质栽培简称基质培，是指植物根系生长在各种天然或人工合成的基质中，通过基质固定根系，并向植物供应养分、水分和氧气的无土栽培方式。根据基质性质的不同，基质培还可分为无机基质栽培、有机基质栽培等。

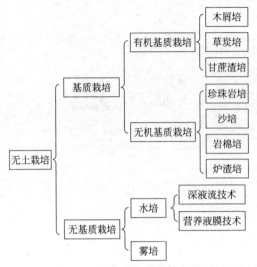

图 1-1 无土栽培的常见类型

① 无机基质栽培 是指用河沙、岩棉、珍珠岩、蛭石等无机物质栽培作物的方式。目前应用最广泛的为岩棉，在西欧、北美基质栽培中占绝大多数。炉渣在我国北方无土栽培中的应用与日俱增，珍珠岩和蛭石也是我国常用的基质。常见的无机基质栽培有沙培、砾培、炉渣培、蛭石培、珍珠岩培、岩棉培等。

② 有机基质栽培 是指用草炭、木屑、稻壳、甘蔗渣、树皮等有机物质栽培作物的方式。

(2) 无基质栽培 无基质栽培是指植物根系直接生长在液体状或细雾状的营养液中，一般可分为水培和雾培两大类。

① 水培 水培的主要特征是植物大部分根系生长在液体状的营养液层中。根据液层深度的不同可分为多种形式（表1-1），宜根据不同地区的经济条件、文化条件和技术水平等进行选用。由于水培供氧问题不易解决，管理技术水平要求又较高，因而其发展面积受到一定的限制。

表 1-1 部分水培类型

主要类型	英文简称	液层深度/cm	营养液状态
营养液膜技术	NFT	1～2	流动
深液流技术	DFT	6～8	流动
浮板毛管技术	FCH	3～6	流动
浮板水培技术	FHT	10～100	流动或静止

② 雾培 又称喷雾培、气雾培或气培，是指将营养液用喷雾的方法，直接喷射到植物根系上。这种供液方法能同时解决根系对营养、水分及氧气的需求。但因

设备投资大，根际温度变化幅度较大，技术水平要求又高，故规模化生产上应用较少，大多在科学研究、展会展览、生态酒店和旅游休闲农业中应用。

此外，还可根据能源消耗量、产品品质和对生态环境的影响，将无土栽培分为无机耗能型无土栽培和有机生态型无土栽培两类。

无机耗能型无土栽培是指全部用无机化肥配制营养液，营养液循环供应中耗能多，排出液污染环境和地下水，种植出的产品器官内硝酸盐含量较高或超标，不符合绿色食品的生产要求，传统的无土栽培属于这种类型。有机生态型无土栽培是指全部或大部分使用固态有机肥取代营养液，平时只浇清水的一种基质栽培类型，其排出液对环境无污染，能生产出合格的绿色食品，应用前景广阔。

1.2 无土栽培的优点及适用范围

1.2.1 无土栽培的优点

(1) 产量高、品质好、效益大 产量高、品质好、效益大是无土栽培技术的突出优点。无土栽培可为作物的根系创造极为优越的生长环境。根系既是植物的支持器官，又是矿质营养、水分等物质的吸收及部分有机物质的合成器官。发育良好的根系可为地上部分提供充足的水分和各种营养物质，这是作物高产的基础，所谓根深叶茂就是这个道理。无土栽培能合理调节水分、空气和养分的供应，特别是能妥善解决土壤栽培中水与空气的矛盾，使植物的生长发育过程进行得更加协调，因此能充分挖掘其生长潜能，获得高产。据日本资料介绍，无土栽培水稻的产量比土壤栽培高 3～5 倍，蔬菜高 3～10 倍（表 1-2）。从表 1-2 中可以看出，无论是哪种作物，无土栽培的产量均比土壤栽培要高得多。

表 1-2　几种作物无土栽培与土壤栽培的产量比较

作物	土壤栽培/(kg/亩①)	无土栽培/(kg/亩)	倍数关系
菜豆	833	3500	4.2
豌豆	169	1500	9.0
小麦	46	311	6.8
水稻	76	379	5.0
马铃薯	1212	11667	9.6
莴苣	667	1867	2.8
黄瓜	523	2087	4.0
番茄	827～1647	9867～49400	12～30

① 1 亩≈666.7m²。

不同作物无土栽培相较于土壤栽培产量的差异是不同的，其中以番茄为最大，无土栽培是土壤栽培的12~30倍，其次为马铃薯和豌豆。目前无土栽培应用广的作物有番茄、甜椒、黄瓜和莴苣等。

随着人类环境保护意识的增强，土壤栽培中存在的问题，越来越受到人们的关注，人们迫切需要无污染的蔬菜和食品。无土栽培避开了土壤微生物、大气、农药等污染源，可以生产出高质量的蔬菜。无土栽培能充分满足作物生长所需要的各种条件，因而能得到比土壤栽培品质更好的收获物。辽宁省无土栽培课题组的栽培试验表明，无土栽培的绿叶类蔬菜比土壤栽培生长速度快，叶色浓绿，幼嫩肥厚，纤维含量少；而对果菜类蔬菜来说，则开花早，结果多，果形正，商品外观好。如无土栽培番茄的可溶性固形物比土壤栽培多280%，维生素C的含量则由18mg/100g增加到35mg/100g，维生素A的含量也稍有提高，其余矿物质含量亦增加显著（表1-3），加上味道纯正，口感好，深受消费者的青睐。

表1-3　新鲜番茄的矿质元素含量（占鲜重的百分比）　　　　　单位：%

种植方式	钙	磷	钾	硫	镁
土壤栽培	0.20	0.21	0.99	0.06	0.05
无土栽培	0.28	0.33	1.63	0.11	0.10

（2）水分和养分利用率高　土壤栽培灌溉时水分大部分被蒸发、流失、渗漏而损失掉，真正被植物吸收的仅为很小一部分。意大利一个试验场的试验表明，在4m^{2}的面积上用土培、气培和水培三种方法种植茄子，土培方式消耗的水分是无土栽培的2倍以上（表1-4）。沈阳市于洪区在日光温室里的对比试验也说明，无土栽培较土壤栽培每平方米节省水分90kg。无土栽培使用营养液按需供应水肥，大幅度减少了土壤灌溉时水分、养分的流失、渗漏等，营养液能够充分地被植物吸收，提高利用率。无土栽培耗水量只有土壤栽培的1/10~1/4，一般可节水70%以上，是发展节水型农业的有效措施之一。

表1-4　茄子不同栽培方式产量与耗水量的比较　　　　　单位：kg

栽培方式	茄子产量	水分消耗	每千克茄子所需水量
土培	13.05	5250	402
水培	21.50	1000	47
气培	34.20	2000	58

全世界土壤栽培中肥料利用率大约为50%，我国则只有30%~40%。而无土栽培中按需配制和循环供应营养液，肥料利用率高达90%以上，即使是开放式无土栽培，营养液的流失也较少，从而大大降低了生产成本。

（3）省工、省时、省力，节省土地　无土栽培不需翻地、中耕，基本上也不用锄草等，再加上计算机和智能系统的引进与应用，已经实现了机械化和自动化操作，与工业生产的方式相似，节省了人力和工时，提高了劳动效率。另外，由于无土栽培产量高，可以相对减少土地的种植面积，提高了土地利用率。

（4）减轻病虫害，节省农药费用　土壤栽培常由于植物连作导致土传病虫害大量发生，还有土壤板结、盐渍化、酸化、养分失衡等缺陷以及根系分泌物引起的自毒作用等。传统的处理方法如换土、消毒、灌水洗盐等局限性大，操作困难，效果也不理想，而被动地不断增加化肥用量和不加节制地大量使用农药，又会造成生产成本不断上升，环境污染日趋严重，植物产量、品质和效益急速下降，甚至停种。

无土栽培属于设施农业，在相对封闭的环境条件下进行，可人为严格地控制生长条件，为植物生长提供相对无菌和虫源减少的环境，在一定程度上避免了外界环境和土壤病原菌及害虫对植物的侵袭，加之植物生长健壮，抗逆性较强，因而病虫害轻微，种植过程中可少施或不施农药，产品既清洁卫生，又减少了农药费用。因此，无土栽培可以从根本上避免和解决土壤连作障碍问题，每收获一茬作物后，只要对栽培系统进行必要的清洗和消毒就可以种植下一茬。

（5）有利于实现工厂化、现代化农业生产　无土栽培与先进的园艺设施相结合，使农业生产摆脱了自然环境的制约，可以按照人的意志进行生产，所以是一种可控农业，有利于实现农业机械化、自动化，从而逐步走向工业化、现代化生产。目前在奥地利、荷兰、俄罗斯、美国、日本、以色列、德国、加拿大等都有"植物工厂"，是现代化农业的标志。我国进入 20 世纪 90 年代以后，也先后引进了许多现代化温室，同时引进了配套的无土栽培设施和技术，如北京中以示范农场无土栽培月季，上海孙桥现代农业公司无土栽培黄瓜、甜椒，北京顺鑫长青蔬菜有限公司从加拿大引进深液流浮板水培技术，成功地实现了波士顿生菜周年工厂化生产，有力地推动了我国农业现代化进程。

1.2.2　无土栽培的适用范围

无土栽培是在可控条件下进行的，不仅可以完全代替天然土壤的所有功能，而且能为作物生育提供更好的根际环境条件。因此，无土栽培的适用范围是极其广泛的，不受季节和地理条件的限制，几乎随时随地都可以进行，还可以向空中和地下发展，海洋中的潜水艇和太空中的宇宙飞船，都可以用无土栽培生产食品，同时还可以利用栽培的植物吸收二氧化碳，释放氧气，改善小气候环境。

无土栽培的经营规模可大可小，大则可以工业化、集约化、自动化生产，小则可以在一家一户、一盆一盘的范围内生产。它为人类社会的土地承载量超负荷问题，找到了解决的途径。无土栽培在很多领域都有其诱人的应用前景。

从理论上讲，人类完全可以用无土栽培代替土培，但它的推广应用受到地理位置、经济环境和技术水平等诸多因素的限制，因此，在现阶段或今后相当长的时期内，无土栽培不能完全取代土培，其适用范围有一定的条件性。只有充分认识到这一点，才能从根本上理解无土栽培的内涵及其价值。无土栽培的适用领域通常有：

(1) 栽培蔬菜 随着城市人口的增加，蔬菜供应问题越来越受到人们的重视。无土栽培是供应蔬菜，特别是供应优质、无公害蔬菜的一个主要途径。现在许多国家的大城市都用无土栽培生产相当数量的蔬菜、水果来供应市场。如新西兰、日本等用无土栽培生产的番茄占市场供应量的 1/2 以上。我国也在北京、南京、沈阳、深圳等地建立起一批无土栽培蔬菜生产基地。另外，不少国家，包括我国的许多家庭利用小温室无土栽培生产蔬菜，仅在美国就有几千万的家庭采用无土栽培种植蔬菜、水果。无土栽培生产出来的蔬菜不仅新鲜、卫生，而且营养丰富，可随时取食，极为方便。

(2) 培育苗木 采用无土栽培技术育苗，不仅苗木生长很快，而且质量好，成活率高，并能脱除某些病毒，减少农药污染。英国、荷兰等国园林行业的主要育苗方式就是用无土栽培方法培育苗木，其效果相当好。我国用无土栽培方法培育苗木的基地也正在建设或使用之中。

(3) 培育花卉 随着人们生活水平的提高，美化环境的花卉已形成独立产业。著名的花卉生产大国荷兰，就采用无土栽培技术生产出口花卉。无土栽培的花卉生长发育常优于土壤栽培，如竹芋在温室中土壤栽培很难开花，但采用无土栽培却很快就会开花。

菊花最易于水培，初学无土栽培法技术者，最好先用无土栽培法种植菊花，待有经验后，再栽培其他花卉。适于无土栽培的花卉有香石竹、蔷薇、仙客来、郁金香、水仙、百合、鸢尾、风信子、唐菖蒲、马蹄莲、大岩桐、石刁柏、肾蕨（蜈蚣草）、铁线蕨、非洲菊、花叶芋、彩叶芋、花叶万年青、君子兰、芦荟、蓬莱蕉、球兰、马兜铃、西番莲、澳洲金合欢和仙人掌等，均较土壤栽培生长得好。切花、盆花无土栽培的花朵较大、花色鲜艳、花期长、香味浓，深受欢迎。

(4) 栽培药用植物和食用菌 许多中草药或名贵药用植物也可以采用无土栽培生产，且具有良好的栽培效果。

英国等西欧国家用无土栽培生产食用菌，取得良好效果。栽培床内填入草炭和炉渣（厚 5.0cm），再加入适量的石灰粉。每平方米产量可达 16~17kg，最高可达 20kg 以上。

(5) 在不适宜土壤耕作的地区应用 在沙漠、荒滩、礁石岛、南北极、盐碱地等不适合进行土壤栽培的地方可利用无土栽培大面积生产蔬菜或花卉，具有良好的效果。例如，新疆吐鲁番西北园艺作物无土栽培中心在戈壁滩上兴建了 112 栋日光温室，占地面积 $34.2hm^2$，采用沙培法种植蔬菜作物，产品在国内外市场销售，取得了良好的经济效益和社会效益。

(6) 在家庭中应用 利用小型无土栽培装置，在家庭的阳台、楼顶、庭院、居室等空间种菜养花，既有娱乐性，又有一定的观赏和食用价值，便于操作，洁净卫生，可美化环境，迎合人们返璞归真、回归自然的心理，这是一种典型的"都市农业"和"室内园艺"的栽培形式。

（7）在观光农业、生态农业和农业科普教育基地应用 观光农业是近二十几年兴起的一个新的产业，是一个新的旅游项目。各式生态酒店、生态餐厅、生态停车场、生态园的建设，成为倡导人与自然和谐发展新观念的一大亮点。高科技示范园则是向人们展示未来农业的一个窗口，而无土栽培是这些园区或景观中采用最多的栽培方式，尤其是一些造型美观、独具特色的立体无土栽培类型，更受人们的喜爱。现有的许多现代化无土栽培基地也成为了农业科普教育基地，广泛接纳大、中、小学生的参观和学习。

（8）在太空农业上应用 随着航天事业的发展和人类对进驻太空的向往，在太空中采用无土栽培种植绿色植物越来越受到关注。无土栽培技术在航天农业上的研究与应用正发挥着重要的作用，如美国肯尼迪宇航中心对用无土栽培生产宇航员在太空中所需食物做了大量研究及应用工作，有些粮食作物、蔬菜作物的栽培已获成功，并取得了很好的效果。

（9）在建筑上应用 除上述一些方面的应用之外，无土栽培在建筑上的应用也引起了人们极大的兴趣。用无土栽培方法绿化建筑物内部、楼顶和墙壁，不仅美化了环境，对建筑物本身也有许多好处。如用于绿化的楼顶，夏季可使室内温度有所降低，冬季又可使室温升高。一般夏天可使天花板温度降低 $5 \sim 8 ℃$，室内温度降低 $2 \sim 3 ℃$。另外，还能减少建筑物本身温度的变化幅度，有利于延长建筑物的使用寿命。

1.3 无土栽培与绿色蔬菜生产

生产绿色蔬菜是当前蔬菜产业化发展的方向，无土栽培作为一种先进的种植技术，是生产绿色蔬菜的重要手段。只有对绿色食品的概念、标准有较为深入的理解，才能正确地给无土栽培定位，从而更好地运用这一技术。

1.3.1 绿色食品的概念和生产标准

（1）绿色食品的认定单位 中国绿色食品发展中心（China Green Food Development Center），是组织和指导全国绿色食品开发和管理工作的权威机构，该中心于 1990 年开始筹备并开展工作，1992 年 11 月正式成立，隶属中华人民共和国农业农村部。

其工作基本宗旨是：组织和促进无污染的、安全、优质、营养类食品开发，保护和建设农业生态环境，提高农产品及其加工食品质量，推动国民经济和社会可持续发展。

其工作范围是：受国家农业农村部委托，制定发展绿色食品的政策、法规及规划，组织制定绿色食品标准，组织和指导全国绿色食品开发和管理工作；专职管理绿色食品标志，审查、批准绿色食品标志产品；委托和协调地方绿色食品工作机构和环境及产品质量监测工作；组织开展绿色食品科研、技术推广、培训、宣传、信息服务、示范基地建设，以及对外经济技术交流与合作。

受理绿色食品标志申请的具体管理部门为该中心的标志管理处。该处主要工作是研究制定与标志管理有关的政策、规定和管理办法；受理各类使用标志的申请、复核与审批（食品、生产资料、商店、餐饮企业、基地）；负责标志的管理、监督与保护；指导和协调各地绿色食品委托管理机构加强质量保证体系的建设（产品环境与产品质量）；承担相关的咨询服务。

（2）绿色食品的概念　绿色食品是指无污染的安全、优质、营养类食品的总称。根据中国绿色食品发展中心的规定，绿色食品分为"AA级"和"A级"两种。

① AA级绿色食品　是指在生态环境质量符合规定标准的产地，生产过程中不使用任何化学合成物质，按特定的生产操作规程进行生产、加工，产品质量及包装经检测、检查符合特定标准，并经专门机构认定，许可使用"AA级"绿色食品标志的产品。

② A级绿色食品　是指在生态环境质量符合规定标准的产地，生产过程中允许限量使用限定的化学合成物质，按特定的生产操作规程进行生产、加工，产品质量及包装经检测、检查符合特定标准，并经专门机构认定，许可使用"A级"绿色食品标志的产品。

（3）绿色食品标准体系的构成内容　绿色食品标准以全程质量控制为核心，由六个部分构成。

① 产地环境质量标准　即 NY/T 391—2013《绿色食品　产地环境质量》及NY/T 1054—2013《绿色食品　产地环境调查、监测与评价规范》。制定这两项标准的目的：一是强调绿色食品必须产自良好的生态环境地域，以保证绿色食品最终产品的无污染、安全；二是促进对绿色食品产地环境的保护和改善。

《绿色食品　产地环境质量》标准规定了产地的空气质量标准、农田灌溉水质标准和土壤质量标准等的各项指标以及浓度限值、监测和评价方法，提出了绿色食品产地土壤肥力分级和土壤质量综合评价方法。

② 生产技术标准　生产技术标准是绿色食品标准体系的核心，它包括绿色食品生产资料使用准则和绿色食品生产技术操作规程两部分。

a.绿色食品生产资料使用准则　绿色食品生产资料使用准则是对生产绿色食品

过程中物质投入的一个原则性规定，包括 NY/T 393—2020《绿色食品　农药使用准则》、NY/T 394—2013《绿色食品　肥料使用准则》、NY/T 392—2013《绿色食品　食品添加剂使用准则》等，对允许、限制和禁止使用的生产资料及其使用方法、使用剂量、使用次数和休药期等作出了明确规定。

b. 绿色食品生产技术操作规程　绿色食品生产技术操作规程是以上述准则为依据，按作物种类和不同农业区域的生产特性分别制定的，用于指导绿色食品生产，规范绿色食品生产技术。

③ 产品标准　该标准是衡量绿色食品最终产品质量的指标尺度。它虽然跟普通食品的国家标准一样，规定了食品的外观品质、营养品质和卫生品质等内容，但其卫生品质要求高于国家现行标准，主要表现在对农药残留和重金属的检测项目上种类多、指标严。绿色食品产品标准反映了绿色食品生产、管理和质量控制的先进水平，突出了绿色食品产品无污染、安全的卫生品质。目前已经出台的有绿色食品黄瓜、绿色食品番茄、绿色食品菜豆、绿色食品豇豆等蔬菜的产品标准。

④ 包装标签标准　该标准规定了绿色食品产品包装时应遵循的原则，包装材料选用的范围、种类、包装上的标识内容等。要求产品包装从原料、产品制造、使用、回收和废弃的整个过程都应有利于食品安全和环境保护，包括包装材料的安全性、牢固性，节省资源、能源，减少或避免废弃物产生，易回收循环利用，可降解等具体要求和内容。绿色食品产品标签要符合《中国绿色食品商标标志设计使用规范手册》中的规定。

⑤ 贮藏、运输标准　该项标准对绿色食品贮运的条件、方法、时间做出了规定，以保证绿色食品在贮运过程中不遭受污染，不改变品质，并有利于环保和节约能源。

⑥ 其他相关标准　包括《绿色食品生产资料》认定标准，《绿色食品生产基地》认定标准等，这些标准都是促进绿色食品质量控制管理的辅助标准。

1.3.2　无土栽培在绿色食品生产中的应用

传统的无土栽培不能生产出真正的绿色食品，只有"有机生态型无土栽培"才能生产出"AA 级"或"A 级"的绿色食品。中国绿色食品发展中心颁布的"绿色食品标准"规定："A 级"绿色食品的肥料使用准则中"除各种有机肥、生物菌肥外，化肥限量使用"是指可以用一部分矿物肥（如硫酸钾）、矿物磷肥，石灰石限在酸性土壤上使用，禁止使用硝态氮肥。而我国目前传统无土栽培使用的营养液中的氮肥，90% 为硝态氮。因此，虽然无土栽培有着许多土壤栽培不可比拟的优势，但从肥料的角度讲，现今使用营养液的无土栽培系统是不能生产出合格的绿色食品的。

生产绿色食品之所以禁止硝态氮肥的施用，是因为人体摄入的硝酸盐有

81.2%来自蔬菜，蔬菜按其积累硝酸盐敏感性的不同，即吸收量在食用部位积累量的不同，可分为：极敏感型，如叶菜类（芹菜、小白菜等）；敏感型，如根菜类；不太敏感型，如花菜类（花椰菜、青花菜等）；不敏感型，如瓜类、茄果类等。全国几个大中城市的抽样监测表明，80%以上的蔬菜硝酸盐含量超标，而硝酸盐在还原条件下会转化为亚硝酸盐，常造成人体缺氧中毒。此外，亚硝酸盐与自然界和人体肠胃中的胺类物质能合成致癌物——亚硝胺，易导致胃癌、食道癌的发生，这在科学界已有定论。因此，人类越来越关注蔬菜产品器官中硝酸盐含量过高的问题。

蔬菜体内硝酸盐的含量与施肥有关。据试验，以吸收硝酸盐极敏感型的芹菜和生菜为试验材料，在无土基质中采取不施肥、施有机肥和施无机肥三种方法处理。芹菜的试验结果为：不施肥菜体内硝酸盐含量为420mg/kg，施有机肥为744mg/kg，施无机肥为1480mg/kg。生菜的试验结果为：不施肥菜体内硝酸盐含量为366mg/kg，施有机肥为655mg/kg，施无机肥为1333mg/kg。由此可见，蔬菜体内的硝酸盐含量随着施肥量的增加而提高，而施有机肥则可以大大降低硝酸盐的含量。

另外，生产绿色食品的有机肥也应有一定的质量标准，其主要指标包括重金属、蛔虫卵、大肠杆菌的含量等，但目前全国尚未制定出统一标准。绿色食品产地使用的有机肥，经过高温消毒处理，可大大降低有害物质的含量，提高有机肥质量。高温堆肥对有机氯农药有降解作用，并可杀死虫卵和病菌。同时，一般高温堆肥都能保证几种主要蔬菜可食部分重金属含量在允许范围内，符合卫生标准。尽管如此，仍然需注意有机肥的来源，防止其本身遭受污染。

降低蔬菜产品中硝酸盐含量的措施有：一是用铵态氮或酰胺态氮替代硝态氮。这种措施虽然有效，但蔬菜产量也显著降低。如何增加营养液的铵态氮或酰胺态氮的用量，既降低蔬菜中硝酸盐的含量又不影响产量，是值得研究的问题。有试验表明，两种氮源按比例同时使用，较单用硝态氮效果好，且能稳定pH。二是收获前停止氮素供应。三是用有机肥取代无机营养液。

问题栏

为什么有机生态型无土栽培能生产绿色蔬菜？

按照中国绿色食品发展中心颁布的"绿色食品标准"，传统的无土栽培不能生产出合格的绿色蔬菜，这在正文中已经述及。那么为什么有机生态型无土栽培能生产出绿色食品呢？因为有机生态型无土栽培从栽培基质到所施用的肥料，均以有机物质为主，所用的有机肥经过一定加工处理后，在其分解释放养分的过程中，不会出现过多的有害无机盐，在栽培过程中也没有其他有害化学物质的污染，从而可使产品达到"A级"或"AA级"绿色食品标准。

1.4 无土栽培的发展概况和展望

无土栽培技术从 19 世纪 60 年代提出模式至今已有 150 余年的发展历程，现已成为可控环境农业（controlled environment agriculture，CEA）生产中一项省工、省力、能克服连作障碍、实现优质高效农业的理想模式。该项技术已在世界范围内被广泛研究和推广应用，一些发达国家的发展应用更为突出。

目前，世界上应用无土栽培技术的国家和地区已超 100 多个，由于其栽培技术的逐渐成熟和发展，应用范围和栽培面积也在不断扩大，经营与技术管理水平空前提高，实现了集约化、工厂化生产，达到了优质、高产、高效和低耗的目的。

1.4.1 国外的无土栽培

国外无土栽培最早起源于德国的萨克斯和克诺普等科学家们先后应用营养液进行的植物生理学方面的试验，到 1920 年营养液的制备达到标准化，但无土栽培仍停留在实验室中，直到 1929 年美国加州大学的格里克才真正将这一技术应用于生产上，他利用自己设计的植物无土栽培装置成功地种出一株高 7.5m、单株果实重量达 14.5kg 的水培番茄，在科技界引起了轰动，同时对全世界无土栽培的兴起和发展产生了深远的影响。以后，美国又试验成功沙培、砾培技术。

无土栽培进入实际应用阶段，是从 20 世纪 50 年代以后开始的，从这个时期起意大利、西班牙、法国、英国、瑞典、以色列、苏联等国家广泛开展了研究并开始实际应用，到 60 年代无土栽培出现了蓬勃发展的局面。

美国首先将无土栽培用于商业化生产，目前虽然无土栽培面积不大，且多集中在干旱、沙漠地区，但美国的无土栽培技术家庭普及率高，开发出大量小规模、家用型的无土栽培装置，其无土栽培研究重点放在太空农业上。日本无土栽培始于 1946 年，以水培和砾培为主，水培技术国际领先，其中深液流技术独自开发，并已逐渐演化出 M 式、神园式、协和式等多种形式。到 1993 年无土栽培面积达到 690hm^2，主要栽培草莓、番茄、青椒、黄瓜、甜瓜等作物。到 1999 年，面积达到 1056hm^2，其中岩棉培约占 45%，DFT 约占 30%，NFT 约占 11%。栽培的作物蔬菜约占 72.5%，花卉约占 27.4%。

到 2000 年，荷兰无土栽培面积已达 10000hm^2 以上，是世界上无土栽培发达国家之一。主要栽培形式是岩棉培，占无土栽培总面积的 2/3，多种植番茄、黄瓜、甜椒和花卉。英国最早发明并应用营养液膜技术，目前正被岩棉培取代，以生产蔬菜为主，黄瓜面积最大。1981 年在英国北部坎伯来斯福尔斯建成世界上最大的"番茄工厂",面积为 $8hm^2$。

世界各国采用无土栽培主要生产蔬菜、花卉和水果,在欧盟国家温室蔬菜、水果和花卉生产中,已有80%采用无土栽培方式。欧盟规定,2010年之前该组织所有成员国的温室必须采用无土栽培。为此,发达国家已经实现了采用计算机实施自动测量和自动控制,这种先进的无土栽培技术可以较好地保护环境,生产出绿色食品。近年,发达国家又采用了专家系统新技术,应用知识工程总结专家的知识和经验,使其规范化、系统化,形成专家系统软件,它可以完成与专家水平相当的咨询工作,并可为用户提供建议和决策。

目前,世界上的无土栽培技术发展有两种趋势:一种趋势是高投资、高技术、高效益类型,如荷兰、日本、美国、加拿大、英国、法国、以色列及丹麦等发达国家,既有技术和设施,资金又雄厚,无土栽培生产实现了高度机械化,其温室环境、营养液调配、生产程序控制完全由计算机调控,进行一条龙的工厂化生产,实现了产品周年供应,产值高,经济效益显著。另一种趋势是以发展中国家为主,尤其以中国为代表,根据本国的国情和经济技术条件,就地取材,采用简易的设备,部分靠手工操作。这些国家发展无土栽培的目的是改造环境、节约用水和节省土地资源,解决人民的基本生活需要。

1.4.2　我国的无土栽培

(1) 发展概况　我国的无土栽培,最早见于宋代豆芽的生产、水仙花的培育和船尾水面种菜等。从栽培本质上而言,都应属于广义的无土栽培。但我国开展无土栽培研究工作的时间比较晚,20世纪70年代末,山东农学院首先开始无土栽培生产试验,并取得了成功,80年代中期,从国外引进的温室及无土栽培设施相继投产。尤其是改革开放以来,人们的生活水平不断提高,蔬菜生产已经从过去的单纯追求高产向高产、优质方向发展,人们需求无公害蔬菜、绿色蔬菜的呼声越来越高,在此形势下无土栽培在全国各地蓬勃兴起,迅速从研究阶段进入生产阶段。据资料统计,1985年全国无土栽培的面积只有 $7hm^2$,1990年达到 $15hm^2$,1995年达到 $50hm^2$,2000年达到 $100hm^2$ 左右,2005年我国无土栽培的总面积约为 $315hm^2$。近十几年,我国无土栽培进入迅速发展阶段,无土栽培的面积和栽培技术水平都得到空前的提高。

我国从事无土栽培技术研究的部门和单位有50多个。除研制不同类型的栽培装置外,重点研究营养液膜栽培和不同材料基质培的配套技术,并在全国普及推广,使我国的无土栽培从实验研究阶段进入商品化生产时期,获得一批具有中国自主知识产权的农业高新技术,使国外的先进实用技术实现国产化。无土栽培的植物也扩大到蔬菜、花卉、西瓜、甜瓜、草莓、葡萄及药用植物、牧草等许多种,但绝大部分为蔬菜和水果。

我国无土栽培的方式主要有固体基质培和水培两种：

① 固体基质培　主要是有机生态型基质培，还有基质袋培、立体基质培、岩棉培等形式。使用固体基质的营养液栽培具有性能稳定、设备简单、投资少、管理容易及不易传染根系病害等优点。近年使用的基质通常有岩棉、草炭、沙子、蛭石、珍珠岩和木屑等。现已证明，岩棉和草炭是较好的基质，岩棉是一种用多种岩石熔融在一起形成岩浆，然后喷成丝状，冷却后稍微压缩而成的疏松多孔的固体基质，因岩棉制作过程是在高温条件下进行的，故经过高温消毒，不含病菌和其他有害物质。

② 水培　目前以营养液膜技术（NFT）和浮板毛管水培技术（FCH）两种为主。NFT的特点是循环供液的液流呈膜状，仅以数毫米厚的浅层流经栽培槽底部，水培作物的根垫底部接触浅层流动的营养液吸水、吸肥，上部暴露在湿气中吸氧，较好地解决了根系吸水与吸氧的矛盾。但存在液层浅、液温变化幅度较大、一旦停电停水植株易枯萎以及根际环境稳定性差等不足，限制了其发展。FCH是浙江省农业科学院和南京农业大学于"八五"期间研制开发的，应用分根法在栽培槽中设置湿毡分根装置，既解决了根系水气矛盾，又有一定深度的营养液，不怕短期停电（24h以内），根际环境稳定，温度易于调控（冬季于栽培床内铺电热线加温，夏天铺设塑料软管通深井水降温）。

(2) 展望　无土栽培虽具有十分广阔的发展前景，但由于技术要求严，设施装备投入高，受我国生产、消费、资金、技术等方面因素的限制，当前不宜盲目发展，更不能全套照搬国外的生产模式，应结合当地实际进行研究试验，在推广应用中走出一条切实可行的具有中国特色的无土栽培之路。

① 因地制宜开发具有本地特色的无土栽培技术　由于自然资源、生产技术、市场环境等条件千差万别，因此各地不能全盘照搬国外或其他地区的生产方式和管理方法。如栽培基质的选择，应在试验的基础上大胆尝试，尽可能地利用本地资源，如北方用棉籽皮、南方用木薯渣。营养液配方也应因各地水质、化肥种类等的不同，做出灵活调整。还应根据各地区消费习惯及气候特点，选择无土栽培的作物种类。总体上看，南方以广东为代表，以深液流水培为主；东南沿海长江流域以苏浙沪为代表，以浮板毛管水培、营养液膜技术为主；北方广大地区由于水质硬度较高，水培难度较大，需以基质栽培为主；无土栽培面积最大的新疆戈壁滩，主要推广鲁SC型改良而成的沙培技术。各地应根据当地的具体情况建立适合本地区特点的无土栽培技术体系。

② 简化技术，循序渐进　无土栽培作为一项现代农业生产技术，涉及的范围包括栽培、肥料、病虫害防治、农业工程及自动化控制等多种科学，其技术难度、管理的复杂性均高于土壤栽培，不易被农民所掌握，推广起来有一定的困难。这就需要各地农技推广部门或科研部门对特定的无土栽培技术进行总结，制订成简便易行的操作步骤，先从科技示范园专业合作社做起。比如配制适合当地某种作物某种

无土栽培方式所需要的营养液，农民只需购回特定的专用复合肥料，加入一定比例的水溶解后即可使用。同时还要对农民进行相关的技术培训，以提高其设施种植技能和管理水平。

③ 降低成本，增加效益　无土栽培技术在发达国家和地区多使用专用设施和设备，如成型的各种栽培槽、商品化基质、营养液的自动监控及管理系统等。这些设施设备费用约为 170 元/m^2，目前在我国若干地区是不现实的。因此，通过诸多方法和技术避开高投入问题是推广无土栽培技术的关键。无土栽培的模式多种多样，各地应根据实际情况就地取材，筛选出多种无土栽培设施替代品或采用人工、半人工管理的方式进行生产示范，增强无土栽培技术的实用性。如用炉渣、木薯渣、稻糠代替蛭石、草炭等基质，用水泥砖、砖、土槽代替泡沫塑料栽培槽等，均能降低成本，增加效益。

④ 发展有机生态型无土栽培技术　现在我国大部分地区采用的无土栽培方式仍以无机耗能型为主，不仅耗能高、污染环境，而且生产出的产品硝酸盐含量超标。因此，应大力推广有机生态型无土栽培，该技术在生产过程中全部或主要使用有机肥，以固体肥料施入，灌溉用清水，耗能低，灌溉排出液对环境无污染，且具有产品质量优、投资小、用工少并易操作等其他优点。而今，全国有机生态型无土栽培的推广面积已超过无土栽培总面积的 60%，只有有机生态型无土栽培才能适应当前生态农业及绿色食品发展的需求。

总之，我国无土栽培技术的研究与应用起步较晚，无土栽培技术水平尚处于初级阶段，但我国是一个具有巨大发展潜力的发展中国家，农村经济条件正在逐步改善，人民生活水平不断提高，预计今后无土栽培将会出现蓬勃发展的新局面、新格局。

第2章

无土栽培基地规划与环境调控技术

2.1 无土栽培基地的规划和布局

　　无土栽培基地的规划涉及选址、生产规模、经营方向、栽培项目、栽培方式、设施类型与建造、产品定位和销售、资金投入、员工数量、成本及效益分析等诸多方面。因此，必须立足当前，兼顾长远，全面设计，综合考虑，才能制订出合理的无土栽培基地规划和布局，为下一步组织生产和创收奠定基础。

2.1.1 无土栽培应具备的基本条件

　　要想科学建造无土栽培基地，发展蔬菜或花卉生产，必须具备以下几方面的条件：

　　(1) 具备环境保护设施　　无土栽培属于设施农业，必须在大棚、日光温室甚至现代温室等环境保护设施下进行。

　　(2) 要有适宜的气候和季节　　除了环境保护设施外，无土栽培作物最好也在适宜的气候和季节下进行。

　　(3) 须建成无土栽培的系统装置　　不论哪种无土栽培类型，都要有符合要求的栽培床、贮液池、供回液系统和控制系统等，以保证作物在适宜的栽培条件下正常生长发育，并能做到人为调控。

　　(4) 要有优质的水源　　充足的水分供应是营养液配制与栽培管理的必要条件，

且水质优劣影响到无土栽培的效果。因此，要求水源充分且优质。

（5）电力供应有保障 电力供应正常，不会因中途停电而影响到营养液的供应及环境因素的调控。

（6）具备技术人员 要有懂得无土栽培的技术骨干，能正确进行日常管理和操作。

2.1.2 无土栽培基地规划与布局设计

（1）基地的选址

① 选择经济发达地区、对外开放城市或大中城市郊区 无土栽培需要一定的设施和装置，还需要供应大量的营养液，相对于土壤栽培而言，投入一般较大。以番茄为例，一茬番茄从种到收，每株需要营养液80L，按每亩种2400株计算，共需要营养液192t，若每吨营养液肥料的成本为9元，则栽培1亩番茄其营养的成本就需要1728元。因此在发展无土栽培时应首先考虑成本的投入，在经济条件较差的地方，不可盲目发展无土栽培。经济发达地区、对外开放城市有能力拿出较多资金投入到无土栽培上，形成规模效益，并通过无土栽培生产出优质的高档蔬菜，出口或内销均可。随着人民生活水平的提高和健康意识的增强，无公害蔬菜和绿色蔬菜的需求量越来越大，在大中城市郊区从事无土栽培蔬菜生产，具有运输和销售方便、就近供应、价格昂贵的特点，可收到较高的经济效益。

② 选择自然条件优越的地区 建立无土栽培基地要求地势平坦，交通便利，当地的基质资源丰富、水源充足、水质条件好、能源供应正常、气候适宜。有风力发电、沼气生产条件的地区，在无土栽培其他条件合适的前提下，可优先考虑建造无土栽培基地，这样无土栽培可与生态农业、环保农业结合起来。

③ 选择当地政府重视的市、县 农业是第一产业，是弱势产业，而无土栽培通常又具有高投入高产出的特点，因此，最好能得到地方政府在政策措施、资金上的大力支持。目前，国家、省、市三级政府重点支持龙头企业和农业高新技术园区建设，各省市相继建立了国家级、省级农业高新技术示范园区，园区内及一些农业上的龙头企业都先后建有自己的无土栽培基地。

④ 选择效益较好的大、中型企事业单位所在地区 大、中型企事业单位效益好，员工数量多，有利于有针对性地生产和就近销售无土栽培的产品。而且还可利用一些工矿企业的余热进行温室加温、基质消毒等。

⑤ 考虑到经营方向和栽培项目 如果从事旅游观光农业生产高档出口蔬菜、无公害蔬菜或面向中、小学生开展科普教育，无土栽培基地最好建在城郊或农业高新技术园区内；如果经营生态酒店和生态餐厅，最好选择城乡交界处或一些名胜风景区附近。

（2）生产项目的选择 在经济、技术和市场条件均很好的情况下可以发展无土栽培，但要选好生产项目，应把握以下几点：

① 经过市场调研　不论是无土栽培还是土壤栽培在选择栽培项目时都要首先做好市场调查和预测工作。通过科学、细致的市场调查，做好可行性分析和深入论证，才能选准选好项目，可以说做好这一工作是为生产出适销对路的农产品奠定了坚实基础。

② 量力而行　无土栽培一次性投资较大，且运转成本较高，技术条件要求严格。因此，必须根据自身资金实力状况和人力、物力条件选择大小适中的栽培项目、栽培类型和生产规模。一般经济欠发达地区、专业户最好选择投资较少、结构简单、管理简便的基质栽培方式，而且栽培项目和栽培面积不宜过大。

③ 明确栽培目的和重点　如果是要彻底解决长期保护地栽培所造成的土壤连作障碍问题，则可以发展无土栽培；如果是丰富庭院经济，自产自销，则选择的项目不宜过大，应投资较少，易于管理，而且栽培形式要与庭院整体风格相一致；如果是建设生态餐厅、生态酒店，则选择的栽培项目要与当地饮食习惯、整体布局相适应和协调，面积可小可大，但要分区依空间及地形确定，达到新颖别致且兼具观赏性的目的。

④ 建造合适的栽培模式　无土栽培的类型和模式有很多，应根据不同地区和具体经济、技术等条件建造科学、合适的栽培模式。尽可能做到就地取材，简易可行，降低成本。

⑤ 适当选种效益高的作物　在栽培常规蔬菜的基础之上，可适当选种一些效益高的作物，如芽苗菜、樱桃番茄、迷你黄瓜、香艳茄等特菜。

(3) 基地规划的主要内容

① 确定基地面积　投资规模要适宜，根据投资规模的大小和管理水平的高低来规划基地面积，切忌产生因基地生产面积过大，出现管理水平跟不上、资金及人员不到位的情况。基地总体规划同一般的设施栽培园艺场，规划场所包括准备区、生产区、产品加工区和办公后勤场所等。根据投资与生产管理水平，面积以 $50\sim100$ 亩为宜，如受条件所限也可适当减小面积。

② 划分生产小区　按每区 $10\sim15$ 个标准大棚（400m^2）将无土栽培基地的生产区划分成若干生产小区。

③ 设计、建造栽培系统　在每个生产小区内，以 $3\sim6$ 个标准大棚为一组设计、建造独立的栽培系统，便于生产安排和营养液管理。

栽培系统主要包括种植床、贮液池和供回液管道三部分。

a.种植床　不宜建造水泥结构的种植床，因其比热容大，易渗漏，不能搬迁和拆卸。可采用聚苯乙烯发泡塑料压模成型的种植床，可拼接，可搬迁。这种种植床既能作基质培亦可作深水培。也可用砖砌成简易的临时种植床。

b.贮液池　贮液池可建造在每组中心棚内的中间位置，一般为地下式。

c.供回液管道　在种植床和贮液池之间安装塑料管道，供回液用。

2.1.3 生产计划的制订和实施

(1) 生产计划制订的依据 生产计划的制订是工厂化无土栽培蔬菜的关键，市场需求状况与发展趋势是生产计划制订的重要依据，是基于对市场调研而做出的科学判断和预测。影响市场需求的因素有很多，如蔬菜企业在进行预测时，首先要做好人口数量、职业特点及其发展趋势的预测。因为人口数量通常决定某地区的平均消费水平，而职业特点结构则影响着蔬菜产品的结构，如白领居多的城市，对包装好的净菜产品需求量大。在中国主要是家庭收入水平决定着蔬菜消费层次，收入高的家庭对无公害的蔬菜产品更青睐，此种蔬菜消费量大。其次要做好市场占有率（即企业某种产品的销售量或销售额与市场上同类产品的全部销售量或销售额之间的比率）的调查与预测。对于蔬菜产品来说，影响市场占有率的因素主要有蔬菜的品种、质量、销售渠道、包装、保鲜程度、运输方式和广告宣传等。由于市场上同一种蔬菜往往由若干企业生产，消费者可随意选择，这样某个企业生产的蔬菜能否被消费者所接受，主要取决于和其他企业生产的同类产品相比，在质量、价格、包装等方面处于什么地位，若处于优势，则销售量大，市场占有率高，反之则低。通过市场调研、分析预测，进而得出科学的结论，并以此结论作为指导才能确保企业生产经营决策的正确性和生产计划制订的科学合理性，才能增强工厂化无土栽培生产的针对性和市场性，避免生产的盲目性。

订单或合同中规定的供货数量及供货时间也是制订生产计划时必须要考虑的重要因素。按照订货数量组织生产，按期交货。

(2) 生产计划制订的内容 一个完整的生产计划主要包括栽培品种和栽培模式、栽培面积与计划产量、栽培季节及茬口安排、产品上市或交货时间等。此外，还有原材料的购入与调配等。

① 栽培品种和栽培模式 根据市场需求与对发展趋势的预测或订货要求来确定工厂化无土栽培蔬菜的生产品种。品种来源可以是自主繁苗，以种子直播或组织快繁方式获得；也可以外购获得种苗，直接进入栽培阶段。栽培模式应与品种和生产条件相适应。

② 栽培面积与计划产量 栽培面积与计划产量由市场需求或订货数量决定，同时要考虑栽培、采收、包装、运输过程中的损耗。栽培面积与计划产量既不能盲目扩大，造成生产成本的增加和产品的积压，也不能过于缩小，而出现市场供应量或交货量不足的现象。栽培面积与计划产量应结合以往的生产和销售经验来灵活把握尺度。周年多茬次生产时，要将全年的生产任务分解，细化到每个茬次的每个品种。

③ 栽培季节及茬口安排 我国南北方气候差异大，栽培种类与品种的习性和环境保护设施条件各不相同，因此在栽培季节及茬口安排上要因地制宜、科学合

理,最大限度减少生产投入和降低能耗,提高复种指数,确保上市时期最佳、获取的效益最大。蔬菜工厂化无土栽培周年生产布局可作如下安排:

春番茄→秋番茄;

春黄瓜→秋番茄;

春番茄(黄瓜)→伏芹菜(青菜)→番茄(生菜);

生菜全年多茬次栽培;

蕹菜全年多茬次栽培;

西洋芹菜→西洋芹菜;

甜瓜→草莓;

春哈密瓜→夏小西瓜→秋洋西瓜→冬荷兰青瓜;

春洋香瓜→夏小西瓜→秋哈密瓜→冬樱桃番茄;

春荷兰青瓜→夏网纹甜瓜→秋哈密瓜→冬荷兰青瓜;

春荷兰青瓜→夏小西瓜→秋小西瓜→冬樱桃番茄;

春小西瓜→夏网纹甜瓜→秋小西瓜→冬荷兰青瓜。

④ 产品上市或交货时间 产品上市时间的确定,一般根据作物种类及品种的生长周期,并结合栽培地区气候和设施的环境条件,以及基于对以往市场需求的旺淡季和价位高低变化规律来决定。一般反季节栽培,特别是春节前后蔬菜价格相对较高,选择这个时期上市销售,蔬菜企业或种植者的经济回报最多。有订单的则按照交货时间的要求,按时交货。根据产品上市或交货时间可倒推出播种育苗期和定植期。

(3) 生产计划的实施 工厂化无土栽培作物,一般采取周年多茬次生产。在生产计划实施过程中应注意以下几点:

① 按每茬制订的生产计划组织生产和管理。

② 严格执行工厂化无土栽培生产工艺流程(图2-1),规范技术操作行为,保

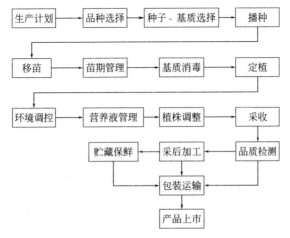

图 2-1 工厂化无土栽培生产工艺流程

证前后技术环节衔接顺畅,从而保证栽培质量。工厂化无土栽培主要的技术环节有品种选择、基质组配与消毒、播种、定植、环境调控、营养液管理、植株和品质检测及采后处理等,要做到品种选择适宜,基质消毒彻底,播期和定植期合理,环境、营养液及植株三方面管理科学、到位,产品符合绿色食品标准要求。

③ 生产部与销售部保持经常性的沟通,以便生产部能够根据市场需求和发展趋势,及时调整生产计划和上市时间,销售部随时把握产品生产的进程、产品预期上市时间与质量状况,以便统筹销售。

④ 统筹安排资源,保证生产畅通。加强人、财、物的合理调配,确保生产性资源充分、合理地使用,以保证生产畅通。

⑤ 制订应急预案。做好因病虫害大量发生和出现灾害性天气而导致作物生产无法进行、严重减产或毁灭性影响的应急预案,使生产损失降至最低。

2.2 无土栽培的环境调控技术

利用环境保护设施,能够在一定程度上按照作物生长的需要,控制光照、温度、相对湿度、二氧化碳浓度等因素,使作物生长在最适的环境条件下,实现高产、优质、稳产的目的。但是,实际上外界环境对作物生育的影响是综合的,而不是单因子的。同时作物生长最适的环境,不仅因作物种类、品种的不同而不同,而且不同栽培季节和不同生长发育时期也是不同的,这就增加了环境调控技术的难度和复杂性。

2.2.1 光照及其调控

(1) 设施内光照变化的特征 保护设施内的光照条件包括光强、光质、光照时间和光的分布,它们分别给予温室作物生长发育以不同的影响。设施内光照条件与露地光照条件相比具有以下特征:

① 透光率低 进入设施内的光线仅为室外的 $50\% \sim 80\%$,这成为冬季喜光作物生产的主要限制因子。

② 光照强度低 仅为露地的 $60\% \sim 80\%$。

③ 光质变化大 由于透光覆盖材料对不同波长的光辐射透过率不同,一般紫外线的透过率低,但当太阳短波辐射进入设施内并被作物和土壤等吸收后,又以长波的形式向外辐射时,多被覆盖的玻璃或薄膜所阻隔,很少透过覆盖物,从而使整个设施内长波辐射红外光增多,这也是设施具有保温作用的重要原因。

④ 光照强度分布不均匀 光照强度在时间上和空间上分布极不均匀。

光照强度在时间上分布不均匀，一年中，春、夏季大于秋、冬季，其中夏季室内的光照强度最高，冬季最低；一天中，上午大于下午，晴天大于阴天。

光照强度在空间上分布也不均匀，刚透过透明覆盖材料的光照强度一般可达外界的80%左右，由上至下逐渐递减，接近地面0.5～1.0m处，为外界的60%左右，近地面20cm处，只有外界的50%左右。

影响设施内光照条件的主要因素是覆盖材料的透光性和温室结构材料的遮光性。因此，要从这两方面入手，研究如何增加室内采光量的设施结构及相应的管理技术，从而改善设施内的光照环境。

（2）设施内光照的调控　光照是作物生长的基本条件，可对温室作物的生长发育产生光效应、热效应和形态效应。因此，要加强对光照条件的调控，采取各种措施尽量满足作物生长发育所需的光照条件。

① 设施结构建造合理　温室采用坐北面南东西延长的方位设计；从采光角度考虑，除现代化温室外，尽量选用单栋式的温室；选用防尘、防滴、防老化的透光性强的覆盖材料，目前首选乙烯-醋酸乙烯膜，其次是聚乙烯膜和聚氯乙烯膜；选择适宜的棚室跨度、高度、倾斜角；尽可能选用细而坚固的骨架材料，从而降低温室结构材料的遮光率，提高室内采光量。

② 加强设施管理　经常打扫、清洗屋面透明覆盖材料，保持覆盖材料的高透光性；在保持室温的前提下，设施的不透明内、外覆盖物（保温幕、草苫等）应尽量早揭晚盖，以延长光照时间，增加透光量；北方地区在温室内北墙张挂2.0～2.5m高的镀铝聚酯反光幕，可提高北墙附近的光照强度。

③ 加强栽培管理　加强作物的合理密植，注意行向（一般南北向为好）。扩大行距，缩小株距，采取插支架、吊蔓、绕蔓的整枝方式，及时摘除植株基部的侧枝和老叶，能增加群体透光率。

④ 适时补光　在集中育苗、调节花期、保证按期上市等情况下，补充光照是必要的。补光灯一般采用金属卤化物灯、高压气体放电灯和生物灯等。受条件所限，也可安装普通荧光灯、节能灯。补光灯设置在内保温层下侧，温室四周张挂反光幕加以配合，可提高补光效果。

⑤ 根据需要遮光　夏季光照过强，会导致室温过高，蒸腾加剧，植物容易萎蔫，需降低室内光照强度。生产上一般根据光照情况选用25%～85%的遮阳网内、外悬挂进行遮光。玻璃温室亦可采用在温室屋顶喷涂石灰等专用反光材料，以减弱光强，夏季过后再清洗掉。

2.2.2　温度及其调控

（1）设施内温度变化的特征　无加温温室内温度的来源主要是靠太阳辐射，引起温室效应。温室内温度（气温）变化的特征是：

① 随外界阳光的辐射和温度的变化而变化　有季节性变化和日变化，且昼夜温差大，局部温差明显。北方地区，保护设施内温度存在着明显的四季变化。按照气象学的有关规定，日光温室的冬季时长比露地缩短 3～5 个月，夏季可延长 2～3个月，春秋季也可延长 20～30d，因此，北纬 41°以南至 33°以北地区，高效节能型日光温室冬季日温差高达 15～30℃，能四季生产喜温性果菜类蔬菜。而大棚冬季只比露地缩短 50d 左右，春秋比露地只增加 20d 左右，夏天很少增加，所以果菜类蔬菜只能进行春提前、秋延后栽培，只有在多重覆盖下，才有可能进行冬春季果菜类生产。

② 设施内有"逆温"现象　但在无多重覆盖的塑料拱棚或玻璃温室中，日落后的降温速度往往比露地快，如再遇冷空气入侵，特别是有较大北风后的第一个晴朗微风夜晚，温室、大棚凌晨常出现室内气温反而低于室外气温 1～2℃的"逆温"现象。从 10 月至翌年 3 月都有可能出现，尤以春季逆温的危害较大。

③ 温室内气温分布不均匀　一般室温上部高于下部，中部高于四周，北方日光温室夜间北侧高于南侧。保护设施面积越小，低温区比例越大，分布越不均匀。而地温的变化，不论季节与日变化，均比气温变化小。

(2) 设施内温度的调控　温度是作物设施栽培的首要环境条件，任何作物的生长发育和维持生命活动都要求一定的温度范围，即温度的"三基点"（植物能生长的最低、最适和最高温度）。温度高低关系到作物的生长阶段、花芽分化和开花，昼夜温度影响植株形态和产品产量、质量。因此，生产者将温度作为控制温室作物生长的主要手段。

稳定的温度环境是作物稳定生长、长季节栽培的重要保证。设施内环境温度的调控一般通过保温、加温、降温等途径来进行。

① 保温　日光温室可通过设置保温墙体；加固后坡，并在后坡使用聚苯乙烯泡沫板隔热；在透明覆盖物上外覆草帘、纸被、保温被、棉被等，实施外保温；温室或塑料大棚内再搭建小拱棚；在温室四周挖深 60～70cm、宽 50cm 的防寒沟；尽量保持相对封闭，减少通风等措施加强保温效果；大型温室室内设置可平行移动的二层保温幕和垂直幕等进行保温；透明屋面的保温主要采用双层充气膜或双层聚乙烯板。

② 加温　当设施温度低，作物生长慢时，可适当加温。加温分空气加温、基质加温、栽培床加温、营养液加温等。

a.空气加温　空气加温方式有热水加温、蒸汽加温、火道加温、热风炉加温等。热水加温室温较稳定，是常用的加温方式；蒸汽、热风加温效应快，但温度稳定性差；火道加温建造成本和运行费用低，是日光温室常采用的形式，但热效率低。

b.基质加温　冬季生产根际温度低，作物生长缓慢，成为生长限制因子，因此，根际加温对于作物效果明显。通常将直径 15～50mm 的塑料管埋于 20～50cm

深的栽培基质中，通以热水，用这种方法可以提高基质温度，即根际温度。一些地方采用酿热方式提高地温，即在温室内挖宽 40cm、深 50～60cm 的地沟，填入麦秆或切碎的玉米秸，让其缓慢发酵放热。在面积较小时也可铺设电热线以提高根际温度。

c. 栽培床加温　无土栽培中，栽培床建造在混凝土地面上，一些加热管道预埋于混凝土中，通过对混凝土地面加热，可间接提高栽培床的温度。或将加热管道直接安装在栽培床下部近床底处，给栽培床加温。

③ 降温　降温的途径有减少热量的进入和促进热量的散出，如通风、用遮阳网遮阳、喷雾（以汽化热形式散出）、湿帘、透明屋面喷涂涂料（石灰）等。

a. 通风　通风是降温的重要手段，一般分为自然通风和强制通风两类。自然通风的原则为由小渐大、先中、再顶、最后底部通风，关闭通风口的顺序则相反。强制通风的原则是空气应远离植株，以减少气流对植物的影响，并且许多小的通风口比少数的几个大通风口要好，冬季以排气扇向外排气散热，可防止冷空气直吹植株，冻伤作物，夏季可用带孔管道将冷风均匀送到植株附近。

b. 遮阳　夏季强光高温是作物生长的限制性因素，可利用遮阳网遮光降温，一般可降低气温 5～7℃，有内遮阳和外遮阳两种。

c. 水幕、湿帘和喷雾　温室顶部喷水，形成水幕，遮光率达 25%，且可吸热降温。在高温干旱地区，可设置湿帘降温。湿帘降温系统是由风扇、冷却板（湿带）和将水分传输到湿帘顶部的泵及管道系统组成。湿帘通常是由 15～30mm 厚交叉编织的纤维材料构成，多安装在面向盛行风的墙上，风扇安装在与装有湿帘的墙体相反的山墙上。通过湿帘的湿冷空气，经过温室使温室冷却降温，最后通过风扇离开温室。湿帘降温系统的不利之处是在湿帘上会产生污物并滋生藻类，也能在温室中引起一定的温度差和湿度差，另外在湿度大的地区，其降温效果会显著降低。

在温室内也可安装喷雾设备进行降温。如果水滴的直径小于 $10\mu m$，那么它们将会浮在空气中被蒸发，同时避免水滴降落在作物上。喷雾降温比湿帘系统的降温效果要好。

2.2.3　湿度及其调控

（1）设施内空气湿度的变化特征　由于环境保护设施是一种密闭或半密闭的系统，内部空间相对较小，气流相对稳定，使得设施内空气湿度有着与露地不同的特性。设施内空气湿度变化的特征主要有：

① 湿度大　设施内相对湿度和绝对湿度均高于露地，平均相对湿度一般在 90% 左右，尤其夜间经常出现 100% 的饱和状态。特别是日光温室及中、小拱棚，由于设施内空间相对较小，冬春季节为保温，又很少通风换气，空气湿度经常达

到 100%。

② 季节变化和日变化明显 设施内季节变化一般是低温季节相对湿度高，高温季节相对湿度低。昼夜日变化为夜晚湿度高，白天湿度低，白天的中午前后湿度最低。设施空间越小，上述变化越明显。

③ 湿度分布不均匀 由于设施内温度分布存在差异，导致相对湿度分布也存在差异。一般情况下是，温度较低的部位，相对湿度较高，而且经常造成局部低温部位产生结露现象，对设施环境及植物生长发育造成不利的影响。

(2) 设施内空气湿度的调控 空气湿度主要影响作物气孔的开闭和叶片蒸腾作用，直接影响作物的生长发育。如果空气湿度过低，将导致植株叶片过小、过厚，机械组织增多，开花坐果差，果实膨大速度慢。湿度过高，则极易造成作物徒长、开花结实不良、生理功能减弱、抗性差、出现缺素症，使产量和品质受到影响。一般情况下，大多数蔬菜作物生长发育适宜的空气相对湿度为 50%～85%（表 2-1）。另外，植物许多病害的发生也与空气湿度密切相关，多数病害发生要求高湿条件。在高湿低温条件下，植株表面结露及覆盖材料上的露水滴到植株上，都会加剧病害发生和传播。有些病害则在低湿条件，特别是高温干旱条件下容易发生。因此，从创造植株生长发育的适宜条件、控制病害发生、节约能源、提高产量和品质、增加经济效益等多方面综合考虑，空气湿度以控制在 70%～90% 为宜。

表 2-1 蔬菜作物对空气湿度的基本要求

类型	蔬菜种类	适宜相对湿度/%
高湿型	黄瓜、白菜类、绿叶菜类、水生菜	85～90
中湿型	马铃薯、豌豆、蚕豆、根菜类（胡萝卜除外）	70～80
低湿型	茄果类、豆类（豌豆、蚕豆除外）	55～65
干型	胡萝卜、葱蒜类、南瓜	45～55

湿度调节的途径主要有：控制水分来源、调控温度、通风、使用吸湿剂等。

① 提高空气湿度 在夏季高温强光下，空气湿度过低，对作物生长不利，严重时会引起植物萎蔫甚至死亡，尤其是栽培一些湿度要求高的蔬菜，一般当相对湿度低于 40% 时就需要提高湿度。常用方法是空中喷雾或地面洒水。也可通过降低室温或减弱光强来提高相对湿度。采取增加浇水次数和浇水量、减少通风等措施，也会增加空气湿度。

② 降低空气湿度 无土栽培的温室常将地面硬化或用塑料薄膜覆盖，可有效减少土壤水分蒸发，降低空气湿度。自然通风除湿降温是常用的方法，通过打开通风窗、揭薄膜、扒缝等通风方式通风，达到降低设施内湿度的目的。地膜覆盖可使空气湿度由 95%～100% 降低至 75%～80%。提高温度（加温等），可降低相对湿度。采用吸湿材料，如用无纺布做二层幕，地面铺放稻草、生石灰、氧化硅胶、氯化锂等。强制通风、排出湿空气。设置除湿膜，采用流滴膜和冷却管，让水蒸气结

露，再排出室外。喷施防蒸腾剂，减少植物体内的水分蒸腾。也可通过减少灌水次数、灌水量、改变灌水方式等来降低相对湿度。

2.2.4 二氧化碳及其调控

二氧化碳（CO_2）是植物进行光合作用的重要原料。在密闭的温室中，白天CO_2浓度经常低于室外，即使通风后，CO_2浓度会有所回升，但仍不如外界大气中CO_2浓度高。设施内不同部位的CO_2浓度分布也不均匀，如在玻璃温室内，通常中午CO_2浓度在植物群体生育层上部以及靠近通道和地表面的空气中较高，生育层内部浓度较低。在夜间，靠近地表面的CO_2浓度往往相当高，生育层内CO_2浓度较高，而上层浓度较低。因此，不论光照条件如何，在白天施用CO_2对作物的生长均有促进作用。

由于温室的有限空间和密闭性，使CO_2的施用（气体施肥）成为可能。我国北方地区设施冬季密闭严，通风换气少，室内CO_2亏缺严重，目前推广CO_2施肥技术，效果十分显著。一般黄瓜、番茄、辣椒等果菜类蔬菜用CO_2施肥平均增产20%～30%，并可提高品质。CO_2施用不仅能提高单位面积产量，也能提高设施利用率、能源利用率和光能利用率。

（1）CO_2施用浓度 对于一般的园艺作物来说，经济又有明显效果的CO_2施用浓度为大气浓度的5倍，CO_2施肥最适浓度和作物特性及环境条件如光照强度、温度、湿度、通风状况等密切相关。日本学者提出温室CO_2的施用浓度以0.01%为宜，但在荷兰温室生产中施用量多数维持在0.0045%～0.005%之间，以免在通风时因内外浓度差过大，外逸太多，经济上不合算。一般随光照强度的增加可相应提高CO_2施用浓度。阴天施用CO_2，可提高植物对散射光的利用。补光时施用CO_2，具有明显的协同效应。

（2）CO_2施用时间 从理论上讲，CO_2施肥应在作物一生中光合作用最旺盛的时期和一天中光照条件最好的阶段进行。

苗期CO_2施肥应尽早进行，定植后的CO_2施肥时间取决于作物种类、栽培季节、设施条件和肥源类型。果菜类蔬菜定植后到开花前一般不施肥，待开花坐果后开始施肥，主要是防止营养生长过旺。叶菜类蔬菜则可在定植后立即施肥。

一天中，CO_2施肥时间应根据设施内CO_2变化规律和植物的光合特点进行。在我国和日本，CO_2施肥多从日出或日出后0.5～1.0h开始，通风换气之前30min结束，每天施用2.0～3.0h。严寒季节或阴天不通风时，可到中午停止施肥。在北欧、荷兰等地，CO_2施肥则全天进行，中午通风窗开至一定大小时自动停止。

（3）CO_2来源 CO_2来源于加热时燃烧煤、焦炭、天然气、沼气等所产生的CO_2，也可专门燃烧白煤油产生CO_2，还有用液态CO_2或固体CO_2（干冰），或在基质中施CO_2颗粒气肥或利用强酸（硫酸、盐酸）与碳酸盐（碳酸钙、碳酸铵、碳酸氢铵）反应产生 CO_2 等。目前使用市售燃烧石油液化气的 CO_2 发生器较多。还可以采用强制或自然通风、增施有机肥、生物反应法等方法来增加和补充设施内的 CO_2。温室基质培生产中多施有机肥，对缓解 CO_2 不足、提高产量效果很显著。栽培床下同时生产食用菌，可使室内 CO_2 浓度保持在 $800 \sim 980 \mu mol/L$ 之间。

CO_2 施用时应注意的是：

① 作物光合作用 CO_2 饱和点很高，并且因环境要素而有所改变，施用浓度以经济生产为目的，CO_2 浓度过高不仅成本增加，而且会引起作物早衰或形态改变。

② 采用燃烧法产生的 CO_2，要注意燃烧不完全或燃料中有杂质气体如乙烯、丙烯、硫化氢、一氧化碳、二氧化硫等对作物造成的危害。

③ 化学反应产生 CO_2 只作为临时性的补充被采用。国际上规模经营的温室几乎没有用化学反应的方式，因为不仅成本高，且残余物的后处理，对环境产生污染，安全性等都有待进一步研究。

关键技术 2-1 无土栽培生产基地的规划与布局

1.1 技能训练目标

结合本地实际情况，科学、合理地选定无土栽培生产地址，确定栽培面积、栽培模式，并绘出设计图纸。

1.2 材料与用具

笔记本或实验报告；钢笔；铅笔；相关测量工具如卷尺、皮尺等。

1.3 方法与步骤

1.3.1 选址

要求有适宜的气候和季节；水电供应充足，水质适合配制营养液；基质来源广泛、丰富；最好地处城市或郊区，当地人们生活水平及生活质量较高，且具备设施栽培和土壤栽培的生产经验等。

1.3.2 确定生产面积与范围

根据投资和生产管理水平，以 $3.33 \sim 6.67 hm^2$ 为宜。

1.3.3 基地分区

根据生产规模及实际需要，划分为育苗区、生产区、产品加工包装区、产品库、办公后勤区（含原材料库）等。

1.3.4 生产区划分

以每 $10 \sim 15$ 个标准棚（$8m \times 50m = 400m^2$）为一个单位，将生产区划分成若干个生产小区。棚室以面南背北、东西走向为宜。

1.3.5 明确栽培模式

基质培（具体）；水培（具体）。

1.3.6 设计、建造无土栽培系统

一般以 3～6 个标准棚为一组，建造一套栽培系统。

无土栽培系统，包括贮液池（或槽、桶等）、种植槽或栽培床、供回液管道及营养液监控设备等。一般种植槽应设计成基质培、水培兼用型，并轻便、可拆卸。贮液池可建造在每组中心棚内的中间位置，通常为地下式。最好再设置 1 个废液回收及处理池。

1.3.7 安排栽培蔬菜种类及茬口

1.3.8 基地道路及辅助设施的设计

1.4 技能要求

① 无土栽培基地规划布局科学合理、经济适用、针对性强。

② 能够正确设计与画出无土栽培基地简明规划图。

1.5 技能考核与思考题

1.5.1 技能考核

每人结合当地实际绘一幅无土栽培基地规划设计图。

1.5.2 思考题

无土栽培基地规划和布局时应考虑哪些问题？

营养液

3.1 营养液的原料及其要求

营养液是指根据植物正常生长发育对必需元素的需求,人工配制而成的能够满足植物生长发育的平衡溶液。

无土栽培的成功与否在很大程度上取决于营养液的配方和浓度是否合适,可以说营养液的配制与管理是无土栽培的核心技术。了解营养液的作用原理和方式,全面掌握营养液的配制方法和管理技术,不仅关系到能否节约用肥、降低生产成本的问题,而且直接影响到作物的生长发育及收获物的产量和品质。只有这样,才算抓住了无土栽培的关键,才能真正掌握无土栽培技术。

3.1.1 配制营养液对水的要求

(1) 水源要求 配制营养液的用水十分重要,要求对水源予以选择。在研究营养液新配方和缺素症状时,要使用蒸馏水或去离子水,在生产上可使用井水、自来水、河水、泉水、湖水、雨水等。无论采用何种水源,使用前都要经过分析化验以确定水质是否适宜,并据此调整营养液配方,必要时可经过严格处理,使之达到饮用水的标准。流经农田的水、未经净化的海水和工业污水均不能用作营养液的水源。

以自来水作水源,水质有保障,但生产成本高。以井水作水源,成本低,但应考虑当地的地层结构,且要经过分析化验。

(2) 水质要求 水质主要指标的要求如下:

① 硬度 用作营养液的水,硬度一般以不超过 10°为宜 [水质有软水和硬水之

分，硬度标准可用每升水中 CaO 的含量来表示，$1°$ 相当于 1L 水中含 10mg 的 CaO（德国度）。$8°$ 以下的水为软水，$8°$ 以上的水为硬水，如表 3-1 所示]。最好用软水来配制营养液。用硬水配制营养液时，必须将其中钙和镁的含量计算出来，以便减少配方中规定的钙、镁用量，否则其总盐分含量会过高。

表 3-1　水的硬度划分标准

硬度/(°)	相当于 CaO 含量/(mg/L)	分类	硬度/(°)	相当于 CaO 含量/(mg/L)	分类
0～4	0～40	极软水	16～30	160～300	硬水
4～8	40～80	软水	>30	>300	极硬水
8～16	80～160	中硬水			

② 酸碱度　一般要求 pH 在 5.5～8.5 之间。

③ 溶存氧含量　溶存氧含量≥4～5mg/L。

④ NaCl 含量　NaCl 含量≤100mg/L。

⑤ 余氯　主要来源于自来水和设施消毒所残留的氯，氯对植物的根系有害。因此，用自来水配制营养液之前，宜静置半天以上，使其中余氯的含量≤0.3mg/L。

⑥ 电导率（EC 值）　配制营养液的优质用水其 EC 值在 0.2mS/cm 以下；允许用水的 EC 值在 0.2～0.4mS/cm 之间；不允许用水的 EC 值等于或大于 0.5mS/cm。

⑦ 重金属及有毒物质含量　水中重金属及有毒物质含量不能超过规定标准（表 3-2）。

表 3-2　无土栽培水中重金属及有毒物质含量标准

名称	标准/(mg/L)	名称	标准/(mg/L)
汞(Hg)	≤0.001	铜(Cu)	≤0.10
镉(Cd)	≤0.05	铬(Cr)	≤0.05
砷(As)	≤0.05	锌(Zn)	≤0.20
硒(Se)	≤0.02	铁(Fe)	≤0.50
铅(Pb)	≤0.05	氟化物	≤3.00
六六六	≤0.02	酚	≤1.00
DDT	≤0.02	大肠杆菌	≤1000 个/L

3.1.2　配制营养液对肥料的要求

（1）根据栽培目的选择合适的盐类化合物　一般将化学工业制造出来的化合物分为四类：

① 化学试剂。又可细分为三级，即一级试剂、二级试剂和三级试剂。

② 医药用试剂。

③ 工业用品。

④ 农业用肥料。化学试剂类的化合物纯度高，其中一级试剂最高，价格也最昂贵。农业用的肥料纯度最低，但价格也最便宜。无土栽培中，要研究营养液新配方及探索养分缺乏症等试验时，需用到化学试剂，除要求特别精细的外，一般用到三级试剂即可。而在大规模生产上，除了微量养分用化学试剂或医药用品外，大量养分的供给多采用农业用肥料，以利于降低肥料成本。

(2) 优先选择养分含量高的肥料　对能提供同一种养分的不同肥料，要优先选择养分含量高的肥料。以提供氮素的硝酸钙和硝酸钾而言，就应优先选择硝酸钙。

(3) 以硝酸盐肥料为主，铵盐肥料为辅　硝态氮（NO_3^-）和铵态氮（NH_4^+）都是植物生长发育的良好氮源，都可以被植物根系吸收利用。但研究表明，无土栽培中施用硝态氮的效果远远大于铵态氮。现在世界上绝大多数营养液配方都是以硝酸盐为主，其原因是硝酸盐所造成的生理碱性比较弱而缓慢，且植物本身有一定的抵抗能力，人工控制比较容易。而铵盐所造成的生理酸性比较强而迅速，植物本身很难抵抗，人工控制也十分困难。因此，在配制营养液时，多以硝酸盐为主，铵盐为辅。

(4) 选用溶解度大的肥料　硝酸钙易溶于水，如 20℃时，每 100mL 水中硝酸钙的溶解度为 129g，而硫酸钙难溶于水。故在配制营养液需要的钙时，一般都选用硝酸钙。

(5) 肥料的纯度要较高，适当采用工业品　因为低纯度的肥料中含有大量惰性物质，用来配制营养液时会产生沉淀，堵塞供液管道，妨碍根系吸收养分。营养液配方中标出的用量是以纯品表示的，在配制营养液时，要按各种化合物原料标明的百分纯度来折算出原料的实际用量，原料中本物以外的营养元素都作杂质处理，但要注意使用时这类杂质的量是否达到干扰营养液平衡的程度。另外，原料的本物虽然符合纯度要求，但因杂有少量的有害元素超过了容许限度，也不能使用。所以，选用的肥料纯度要较高，在考虑成本的前提下，以农业肥料为主的同时，可适当搭配少量工业品。

(6) 其他要求　肥料中有毒、有害物质不超标；取材方便，价格便宜。

3.1.3　配制营养液常用的肥料

在无土栽培实际生产中，常用的肥料见表 3-3。

(1) 氮肥　主要有硝态氮和铵态氮两类。蔬菜为喜硝态氮作物，硝态氮多时不会产生毒害，而铵态氮多时会使生长受阻形成毒害，两种氮源以适当比例同时使用，比单用硝态氮好，且能稳定营养液的酸碱度。常用的氮源肥料有硝酸钙、硝酸钾、磷酸二氢铵、硫酸铵、氯化铵、硝酸铵等。

表 3-3　无土栽培常用的肥料

氮肥	磷肥	钾肥	钙肥	硫肥	铁肥	硼肥和钼肥
硝酸钙	磷酸二氢铵	硝酸钾	硝酸钙	硫酸镁	NaFe-EDTA	硼酸
硝酸钾	磷酸二氢钾	硫酸钾	过磷酸钙		Na_2Fe-EDTA	硼砂
磷酸二氢铵		磷酸二氢钾				钼酸铵
硫酸铵						钼酸钠
硝酸铵						钼酸钾

① 硝酸钙[$Ca(NO_3)_2$]　能提供可溶性钙和丰富的硝态氮，是目前无土栽培中应用最广泛的钙源和氮源肥料。特别是钙源，绝大多数营养液配方都是由硝酸钙来提供的。其分子量为 164.1，含钙 24.43%，含硝态氮 17.07%。常用的硝酸钙带结晶水，即 $Ca(NO_3)_2 \cdot 4H_2O$，钙含量为 17.0%，氮含量为 11.9%。硝酸钙为白色细小晶体，易溶于水，在空气中易吸水潮解，因此要密闭并放置于阴凉处保存。硝酸钙可以自行制作，利用硝酸与碳酸钙反应即可生成硝酸钙。北京、杭州等地已经大批量生产硝酸钙（无土栽培 2 号肥料）专供无土栽培用，含四水硝酸钙[$Ca(NO_3)_2 \cdot 4H_2O$]99.0%。

由于植物根系吸收硝酸根离子的速率大于吸收钙离子的速率，因此硝酸钙表现出生理碱性，但钙离子也会被吸收，故其生理碱性变化不太强烈，随着钙离子被植物吸收之后，其生理碱性就会逐渐减弱。

② 硝酸钾（KNO_3）　别名火硝，是良好的氮、钾肥源，分子量为 101.1，含硝态氮 13.85%，含钾 38.67%，氮钾比约为 1:3。硝酸钾为无色或白色晶体，未提纯时略带黄色，中性，长期贮存于较潮湿的环境下会结块。易溶于水，溶解度随温度上升而增大。硝酸钾是一种强氧化剂，具助燃性和爆炸性，通火易爆炸，贮运中要特别注意安全，不要猛烈撞击，不要与易燃物混存一处。硝酸钾也是一种生理碱性肥料。

(2) 磷肥　磷源肥料常用的有磷酸二氢铵、磷酸二铵、磷酸二氢钾、过磷酸钙等。但植物吸收磷过多会导致铁和镁的缺素症。

① 磷酸二氢铵（$NH_4H_2PO_4$）　也称磷酸一铵或磷一铵，是将氨气通入磷酸中而制得的。纯品磷酸二氢铵为白色晶体，作为肥料用的磷酸二氢铵多为灰色结晶。较易溶于水，20℃时 100mL 水中可溶解 36g。纯品含氮 12.18%，含磷 26.92%；生产用肥料含氮 11.0%~13.0%，含磷 12.0%~24.0%。磷酸二氢铵可同时提供氮和磷两种营养元素；对溶液 pH 变化有一定的缓冲能力。

② 磷酸二氢钾（KH_2PO_4）　分子量为 136.09，纯品含钾 28.73%，含磷 22.76%。磷酸二氢钾为白色结晶或白色粉末，性质稳定，不易潮解，但在高湿处贮藏也会吸湿结块。较易溶于水，20℃时 100mL 水中可溶解 22.6g。由于磷酸二

氢钾溶解于水中时，磷酸根解离有不同的价态，因此对溶液 pH 的变化有一定的缓冲作用。磷酸二氢钾可同时提供钾和磷两种营养元素，是无土栽培中重要的磷源，使用亦很方便。

(3) 钾肥 常用的钾肥有硝酸钾、硫酸钾、氯化钾以及磷酸二氢钾等。钾的吸收快，要不断补给，但钾离子过多会影响到植物对钙、镁和锰的吸收。

① 硫酸钾（K_2SO_4） 纯品硫酸钾分子量为 174.25，含钾（K_2O）52.44%，含硫（S）18.4%，为无色坚硬结晶，作为农用肥料的硫酸钾多为白色至浅黄色粉末。在空气中稳定，能溶于水，但溶解度稍小，20℃时 100mL 水中可溶解 11.1g。吸湿性弱，不结块，属生理酸性肥料。

② 氯化钾（KCl） 分子量为 74.55，含钾 52.44%，含氯 47.56%，纯品为无色结晶或白色结晶颗粒，无土栽培用的氯化钾因含有杂质，常为紫红色、浅黄色或白色粉末，这与生产时不同来源的矿物颜色有关。易溶于水，20℃时 100mL 水中可溶解 34.4g。氯化钾属生理酸性肥料，不吸湿，如遇到铵盐，会形成吸湿性的氯化铵。氯化钾可用作无土栽培的钾源，但用得较少，主要是由于氯化钾含有较多的氯离子（Cl^-），对于马铃薯、甜菜等"忌氯作物"的产量和品质有不良影响，而且要在溶液中无氯化钠或很少有氯化钠时方可使用。

(4) 钙肥 钙源肥料一般使用硝酸钙、氯化钙和过磷酸钙。钙在植物体内的移动比较困难，无土栽培时常会发生缺钙症状，应特别注意调整。

(5) 硫肥 营养液中使用镁、锌、铜、铁等的硫酸盐，可同时解决硫及其他元素的供应。

硫酸镁（$MgSO_4 \cdot 7H_2O$）为白色针状结晶，一般含镁 9.86%，含硫 13%。易溶于水，20℃时 100mL 水中可溶解 35.5g。稍有吸湿性，吸湿后会结块。硫酸镁属生理酸性肥料，是无土栽培中最常用的镁源。

(6) 铁肥 营养液的铁源选择十分重要。pH 偏高、钾的不足以及过量地存在磷、铜、锌、锰等情况，都会引起缺铁症。为解决铁的供应，一般都使用螯合铁。螯合铁为有机化合物，在无土栽培营养液中用作铁源，效果明显强于传统使用的无机铁盐。螯合铁的用量一般按铁元素重量计，每升营养液用 3.0～5.0mg。

螯合铁为浅棕色或暗棕色粉末状物，在营养液中可保持铁的有效状态。常用的螯合铁有：

① 乙二胺四乙酸一钠铁（NaFe-EDTA） 分子量为 367.05，含铁 15.27%。黄色小晶体，易溶于水，呈微碱性。在无土栽培中应用较广。

② 乙二胺四乙酸二钠铁（Na_2Fe-EDTA） 分子量为 390.05，含铁 14.36%。黄色小晶体，易溶于水，呈微碱性。在无土栽培中应用亦较广。

(7) 硼肥和钼肥 多采用硼酸、硼砂和钼酸铵、钼酸钠、钼酸钾。

钼酸铵〔$(NH_4)_6Mo_7O_{24} \cdot 4H_2O$〕为无土栽培营养液中钼的主要来源，含钼 54.34%。为白色、无色、浅黄色或浅绿色结晶颗粒或粉末，易溶于水。此外，也可用钼酸钠，含钼 39.0%～65.0%，为白色粉末。

3.2 营养液的组成

营养液的组成直接影响植物对养分的吸收和生长，并涉及栽培成本。根据植物种类、水源、肥源及气候条件等具体情况，有针对性地确定与调整营养液的配方，更能发挥营养液的功效。

3.2.1 营养液的组成原则

（1）水源、水质符合要求　见 3.1 的相关内容。

（2）含有植物必需的各种养分　现已明确高等植物必需的养分有 16 种，即碳、氢、氧、氮、硫、磷、钾、钙、镁、铁、锰、硼、锌、铜、钼、氯。其中碳、氢、氧由空气和水提供，其余 13 种养分由根部从根际环境中吸收，所以，配制的营养液中要含有这 13 种养分。由于在水源、固体基质或肥料中已含有植物所需的某些微量养分，因此配制营养液时可不用另外加入微量元素肥料。

（3）各养分呈可吸收的状态存在　即配制营养液的各肥料在水中均呈离子状态存在，才能有效地被作物吸收利用。

（4）各养分有合适的数量和比例　营养液中各养分的数量和比例应是符合植物生长发育要求的、生理平衡的，能满足植物均衡足量的吸收。

（5）具有适宜的 EC 值和 pH　营养液中各种化合物组成的总盐分浓度（EC值）应是适合植物正常生长发育要求的，不会由于总盐分浓度太低而导致植物缺肥，也不会由于浓度太高而对植物造成盐害。

任何一种植物都有一个适宜的 pH 范围，且要求营养液使用过程中 pH 较为稳定。在一个配方中，虽然有的化合物表现出生理酸性，有的表现出生理碱性，甚至有时其生理酸碱性表现得较强，但总体上 pH 应该比较平稳。从营养液中营养元素的角度来讲，多数元素只有在一个狭窄的酸碱度范围内才呈溶解的离子状态，才可被植物吸收利用。在栽培过程中植物出现缺素症状时，并不一定是因为营养液中真的缺乏某种元素，而很可能是由于 pH 不适宜，降低了营养元素的有效性。

一般来说，营养液的 EC 值在 0.5～3.0mS/cm 之间，pH 在 5.5～6.5 之间，可适合大多数蔬菜的需求。

（6）各化合物应长期保持有效性　营养液中的各种化合物在作物栽培过程中应长时间地保持其有效性，既不易出现沉淀，也不会因其他条件的干扰而变为不可吸收状态。

(7) 化合物种类要少、成本低、取材容易

3.2.2 营养液浓度的表示方法

营养液浓度是指在一定量（一定质量或一定体积）的营养液中所含某种化合物（或元素）的量。营养液浓度的表示方法有很多，一般可分为直接表示法和间接表示法两大类。

(1) 直接表示法

① 化合物质量/体积　即一定体积的营养液中含有某化合物的质量，单位可以用 g/L 或 mg/L 表示。例如，KNO_3-0.81g/L，是指每升营养液中含有 0.81g 的硝酸钾。这种表示法通常称为工作浓度或操作浓度，就是说具体配制营养液时是按照这种单位来进行操作的。

② 元素质量/体积　即一定体积的营养液中含有某营养元素的质量，单位可以用 g/L 或 mg/L 表示。例如，N-210mg/L 是指每升营养液中含有氮元素 210mg。用元素质量/体积表示浓度在科研中能直观地比较不同配方的元素用量，但这种浓度表示方法不能用来直接指导操作。实际上不可能称取多少毫克的氮元素放进水中，只能换算为一种实际的化合物质量才能操作。换算方法为：用该元素的质量去除以需转换成的化合物中含该元素的百分率。例如，硝酸铵（NH_4NO_3）含 N 为 35%，要将氮素 175mg 转换成 NH_4NO_3，则用 175/0.35＝500mg，即 175mg 的氮素需要称取 500mg 的 NH_4NO_3 来提供。

③ 物质的量/体积　即每升营养液中含有某物质的物质的量，单位可以用 mol/L 表示。某物质可以是元素、分子或离子。物质的量的值等于某物质的原子量、分子量或离子量，其质量单位为克（g）。例如，1mol 的氮其质量值等于 14g，1mol 的硝酸钾其质量值等于 101.1g。由于营养液的浓度都是很稀的，因此，实际上常用 mmol/L 表示某种物质的浓度。

在配制营养液时，不可能直接按物质的量浓度去称量各种化合物，需要将其换算成"化合物质量/体积"浓度表示法后才能称量。换算时将营养液中某种物质的物质的量浓度（mol/L）与该物质的分子量或原子量相乘，即可得知该物质的"化合物质量/体积"用量。例如，2mol/L 的 KNO_3 相当于：KNO_3 的质量＝2mol/L×101.1g/mol＝202.2g/L。

(2) 间接表示法

① 电导率（EC）　电导率（electric conductivity，EC）又叫电导度，指溶液中单位距离的导电能力。常用单位为 mS/cm（毫西门子每厘米），一般简化为 mS。有时也用 μS/cm（微西门子/厘米）表示，1mS/cm＝1000μS/cm。

营养液是一种溶液，具有导电能力，其导电能力的强弱可用电导率衡量。在一定的浓度范围内，营养液的含盐量与电导率成正比，即含盐量越高，电导率就越大，因此电导率能间接反映出营养液的总浓度，但不能反映出营养液中某一单独盐类的浓度。这种表示方法相当可靠，足以满足调控营养液的需要。

电导率值可用电导率仪测定。其和营养液浓度（g/L）的关系，可用经验公式：营养液的总盐分（g/L）=1.0×EC(mS/cm) 求得。

需要注意的是，如果营养液经过长期使用，由于植物根系分泌物、根系生长过程脱落的外层细胞、部分根系死亡之后在营养液中腐烂分解以及在硬水条件下钙、镁、硫等元素的累积也可提高营养液的电导率，此时测得的电导率值并不能真实地反映出营养液内实际的盐分含量。因此，应对使用时间较长的营养液进行个别营养元素含量的测定，一般在生产中可每隔一个半月或两个月左右测定 1 次大量元素的含量，然后进行必要的养分补充，但一般不测定微量元素含量。为确保生产顺利，栽培成功，应定期更换营养液。

② 渗透压　渗透压表示半透膜（水可自由通过而其他分子量较大的溶质不能透过的膜）两侧浓度不同的两种溶液所产生的水压。水从浓度低的溶液通过半透膜进入浓度高的溶液就会产生压力，这种压力叫作渗透压。溶液的浓度越高，渗透压越大，所以渗透压可间接反映营养液浓度的高低。

植物根细胞的原生质膜是半透性膜，当外界溶液浓度低于根细胞的细胞液浓度时，外界溶液中的水分就可以进入细胞，反之，则不能被植物吸收，根细胞中的水分反而会外渗。因此，渗透压可以作为营养液浓度是否适宜作物生长的重要指标，在研究营养液对植物的影响时，常把其浓度与渗透压联系起来。

溶液的渗透压可用渗透压计测定，渗透压与溶液浓度之间的理论关系为：

$$p = c \times 0.0224 \times (273 + t)/273$$

式中，p 为溶液的渗透压，Pa；c 为溶液的浓度，mmol/L；t 为使用时溶液的温度，℃；0.0224 为范特荷甫常数；273 为热力学温度，K。

营养液适宜的渗透压因植物而异。根据斯泰纳的试验，当营养液的渗透压为50.66~161.12kPa 时，对水培生菜无影响。渗透压为 20.27~111.46kPa 时，对水培番茄无影响。渗透压和电导率一样，只能反映营养液的总盐分浓度。

3.2.3　营养液配方

规定在一定体积的营养液中，植物必需盐类化合物的种类和数量称为营养液配方。例如，规定每升营养液中含有四水硝酸钙 950mg、硝酸钾 810mg、磷酸二氢铵 155mg、七水硫酸镁 500mg、乙二铵四乙酸二钠铁 20mg、硼酸 3mg、四水硫酸锰 2mg、七水硫酸锌 0.22mg、五水硫酸铜 0.05mg、钼酸铵 0.02mg，这就称为一种营养液配方。按照配方中规定的化合物种类和用量称量配制而成的营养液，称为这个配方的一个剂量。如果配制时将各种盐类化合物的规定用量都减到其一半，则称为该配方的半个剂量或 1/2 个剂量，其余类推。

现在世界上已发表了无数的营养液配方（例如表 3-4～表 3-13）。营养液配方根据应用对象的不同，分为叶菜类、果菜类和花卉类营养液配方；根据配方的使用范围分为通用型（如霍格兰德配方、日本园试配方）和专用型（如日本山崎黄瓜配方、日本山崎甜椒配方）营养液配方；根据营养液盐分浓度的高低分为总盐度较高和总盐度较低的营养液配方。

表 3-4　霍格兰德配方

化合物名称	用量/(g/L)	化合物名称	用量/(g/L)
硝酸钙	0.945	磷酸铵	0.115
硝酸钾	0.607	硫酸镁	0.493

表 3-5　番茄 I 配方

化合物名称	用量/(g/L)	化合物名称	用量/(g/L)
硫酸镁	0.537	硝酸钙	2.52
磷酸二氢钾	0.525		

表 3-6　番茄 II 配方

化合物名称	用量/(g/L)	化合物名称	用量/(g/L)
硫酸镁	0.156	磷酸二氢钙	0.156
硝酸钙	0.39	硫酸钾	0.156

表 3-7　黄瓜配方

化合物名称	用量/(g/L)	化合物名称	用量/(g/L)
硫酸镁	0.537	硝酸钾	0.915
硫酸铵	0.19	过磷酸钙	0.337
磷酸二氢钙	0.589		

表 3-8　南瓜配方

化合物名称	用量/(g/L)	化合物名称	用量/(g/L)
硫酸镁	0.537	硝酸钠	0.386
硝酸钾	0.763	过磷酸钙	1.17

表 3-9　甘蓝配方

化合物名称	用量/(g/L)	化合物名称	用量/(g/L)
硫酸镁	0.537	磷酸二氢钾	0.35
硫酸铵	0.237	硫酸钾	0.25
硝酸钙	1.26		

表 3-10　莴苣配方

化合物名称	用量/(g/L)	化合物名称	用量/(g/L)
硫酸镁	0.537	磷酸二氢钙	0.589
硫酸铵	0.237	硝酸钾	0.55
硝酸钙	0.658	硫酸钙	0.078

表 3-11　菠菜配方

化合物名称	用量/(g/L)	化合物名称	用量/(g/L)
硫酸镁	0.537	磷酸二氢钾	0.306
硫酸铵	0.379	硫酸钾	0.15
硝酸钙	1.86		

表 3-12　芹菜配方

化合物名称	用量/(g/L)	化合物名称	用量/(g/L)
硫酸镁	0.753	氯化钠	0.156
硝酸钠	0.644	磷酸二氢钾	0.175
磷酸二氢钙	0.294	硫酸钙	0.337
硫酸钾	0.50		

表 3-13　微量元素配方（各配方通用）

化合物名称	用量/(g/L)	化合物名称	用量/(g/L)
$Na_2Fe-EDTA$	20~40	七水硫酸锌	0.22
硼酸	2.86	五水硫酸铜	0.08
四水硫酸锰	2.13	钼酸铵	0.02

3.2.4　营养液的种类

根据配制方法和使用目的的不同，营养液一般可分为原液、母液及工作液三种。

（1）原液　是指按照标准配方配制而成的营养液。

（2）母液　也称浓缩液，是为了贮存和方便使用而把原液浓缩至一定倍数配制而成的营养液。浓缩倍数是根据营养液配方中规定的各盐类化合物用量、在水中的溶解度及贮存需要拟定的，以不致形成沉淀为准则。其浓缩倍数通常以整数值为好，以方便计算和操作。

母液可分为 A、B、C 三种，A、B 两种母液一般浓缩到 100~200 倍，C 母液浓缩到 1000~3000 倍。

（3）工作液　是将浓缩液加水稀释至一定倍数配制而成的营养液。

上述三种营养液中，除母液外，原液和工作液都可以直接浇灌植物。

3.3 营养液的配制

无土栽培的关键技术之一就是正确配制营养液，如果配制方法错误，某些营养元素会因沉淀而失效，或影响植物根系均衡而足量地吸收，甚至导致植物死亡。

3.3.1 营养液配制前的准备工作

(1) 选用和调整营养液配方 根据植物种类、生育期、当地水质、气候条件、肥料纯度、栽培方式以及成本大小，正确选用和调整营养液配方。

不同地区间水质和肥料纯度等存在着差异，会直接影响营养液的组成；栽培作物的种类和生育期不同，要求营养元素比例不同，特别是氮、磷、钾三要素的比例；栽培方式，特别是基质栽培时，基质的吸附性和本身的营养成分都会改变营养液的组成；不同营养液配方的使用还涉及栽培成本问题。因此，配制前要正确、灵活地选用和调整营养液配方，经试用证明其确实可行之后再大面积应用。

(2) 阅读有关资料 在配制营养液之前，先仔细阅读有关肥料或化学品的说明书或包装说明，注意盐类的分子式，含有的结晶水、纯度等。

(3) 选好适当的肥料 所选肥料既要考虑肥料中可供使用的营养元素的含量和比例，又要注意选择溶解度高、纯度高、杂质少、价格低的肥料。

(4) 选择水源 选择水源，必要时进行水质化验，作为配制营养液时的参考。

(5) 准备好母液罐等器具 营养液一般配成浓缩 100～1000 倍的母液，需2～3 个母液罐。母液罐的容积以 25L 或 50L 为宜，以深色不透光的为好。另外，还需准备塑料桶、盆、烧杯、托盘天平、分析天平、酸度计、电导率仪等器具。配制工作液时，还需事先建造好贮液池。

3.3.2 营养液的配制方法

(1) 母液的配制 母液配制的基本程序是：计算→称量→溶解、混配与定容→记录和保存。

① 计算 以日本园试配方营养液为例（表 3-14），按照要配制母液的浓缩倍数和体积计算出配方中各种化合物的实际用量。计算时注意以下几点：

a. 无土栽培肥料多为农业用品和工业用品，常有吸湿水和其他杂质，纯度较低，因此应按实际纯度对用量进行校正。

b. 硬水地区应扣除水中本身所含的钙离子和镁离子。例如，配方中的钙离子、镁离子分别由四水硝酸钙和七水硫酸镁来提供，实际上四水硝酸钙和七水硫酸镁的用量是配方中规定的量减去水中所含钙离子、镁离子的量。但扣除钙离子后的四水硝酸钙中氮用量也减少了，这部分减少了的氮可用硝酸（HNO_3）来补充，加入的硝酸不仅起到补充氮源的作用，还可以中和硬水的碱性。若加入硝酸后仍未能使水中的 pH 降低至合适的水平时，可适当减少磷酸盐的用量，而用磷酸来中和硬水的碱性。如果营养液偏酸，可增加硝酸钾用量，以补充硝态氮，并相应地减少硫酸钾用量。扣除营养液中镁的用量，七水硫酸镁实际用量减少，也相应地减少了硫酸根（SO_4^{2-}）的用量，但由于硬水中本身就含有大量的硫酸根，所以一般不需要另外补充，如果有必要，可加入少量硫酸（H_2SO_4）来补充。

表 3-14　日本园试配方营养液

盐类化合物	含量/(mg/L)	盐类化合物	含量/(mg/L)
$Ca(NO_3)_2 \cdot 4H_2O$	945	H_3BO_3	2.86
KNO_3	809	$MnSO_4 \cdot 4H_2O$	2.13
$NH_4H_2PO_4$	153	$ZnSO_4 \cdot 7H_2O$	0.22
$MgSO_4 \cdot 7H_2O$	493	$CuSO_4 \cdot 5H_2O$	0.08
$Na_2Fe\text{-}EDTA$	20	$(NH_4)_6Mo_7O_{24} \cdot 4H_2O$	0.02

② 称量　分别称取各种肥料，置于干净容器或塑料袋中，或平摊于铺在地面的塑料薄膜上，以免损失。在称取各种盐类肥料时，注意稳、准、快，称量应精确到 ±0.1g 以内。

③ 溶解、混配与定容　将称好的各种肥料摆放整齐，最后一次核对无误后，再分别溶解，也可将彼此不产生沉淀的肥料混合在一起溶解。注意溶解要彻底，边加边搅拌，直至盐类肥料完全溶解。

A、B、C 三种母液分别用三个贮液罐（瓶）盛装。A 罐：以钙盐为主，凡是不与 Ca^{2+} 产生沉淀的肥料均可放在一起溶解（图 3-1）。B 罐：以磷酸盐为主，凡是不与 PO_4^{3-} 产生沉淀的肥料放在一起溶解（图 3-2）。C 罐：以铁盐为主，其他微量元素肥料与铁配在一起。需预先配制螯合铁溶液，然后将各微量元素肥料分别在容器中溶解，再依次缓慢倒入螯合铁溶液中，边加边搅拌（图 3-3）。

硝酸钙溶液　　硝酸钾溶液　　混配　　定容

图 3-1　A 母液的配制

A、B、C 母液均按要求加清水至终体积，搅拌均匀后即可。

④ 记录和保存　母液配制结束后，置于适当的环境下保存，认真填写母液标签（图 3-4）和母液配制记录表（表 3-15），以备查验。母液存放时间较长时，应

磷酸二氢铵溶液 　硫酸镁溶液 　混配 　定容

图 3-2　B 母液的配制

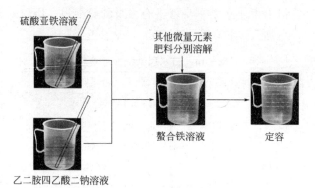

硫酸亚铁溶液

其他微量元素
肥料分别溶解

螯合铁溶液 　定容

乙二胺四乙酸二钠溶液

图 3-3　C 母液的配制

将其酸化，以防沉淀的产生。一般可用硝酸调节至 pH 为 3～4，并装入塑料容器中，置阴凉避光处保存。

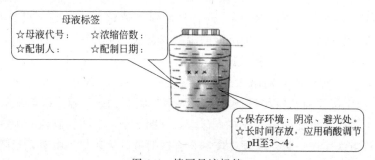

母液标签

☆母液代号：　☆浓缩倍数：
☆配制人：　　☆配制日期：

☆保存环境：阴凉、避光处。
☆长时间存放，应用硝酸调节
pH 至 3～4。

图 3-4　填写母液标签

表 3-15　母液配制记录表

配方名称			使用对象	
A 母液	浓缩倍数		配制日期	
	体积		计算人	
B 母液	浓缩倍数		核查人	
	体积		配制人	
C 母液	浓缩倍数		备注	
	体积			
原料名称及称取量				

（2）工作液的配制

① 用母液稀释成工作液　基本步骤为（图 3-5）：

第一步，根据母液稀释倍数和工作液体积，按公式计算出各种母液应准确移取的量，并根据配方要求调整水的 pH。

公式：V_2（母液移取量）＝V_1（工作液体积）/n（母液稀释倍数）

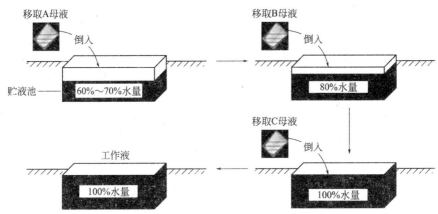

图 3-5　母液稀释成工作液的操作步骤

第二步，向贮液池或其他容器内注入相当于所配制工作液体积 60%～70% 的水量。

第三步，量取 A 母液倒入其中，开启水泵循环流动 30min 或搅拌使其扩散均匀。

第四步，量取 B 母液慢慢注入贮液池的清水入口处，让水流冲稀 B 母液后带入贮液池中参与流动扩散，此过程加入的水量以达到总液量的 80% 为度。

第五步，量取 C 母液，参照 B 母液的注入方法操作。最后加足水量，循环流动 30min 或搅拌均匀。

第六步，用酸度计和电导率仪分别检测工作液的 pH 和 EC 值，如果测定结果不符合配方和作物要求，应及时调整。调整完毕的工作液，在使用前先静置半小时以上，然后在种植槽上循环流动 5～10min，再测试与调整一次 pH，直至与要求相符。

第七步，填好工作液配制的详细记录表，以备查验（表 3-16）。

在工作液配制的过程中，要防止由于母液加入速度过快造成局部浓度过高而出现大量沉淀的现象。如果较长时间开启水泵循环之后仍不能使这些沉淀溶解时，应重新配制工作液。

在荷兰、日本等国家现代化温室中进行大规模无土栽培生产时，一般采用 A、B 两种母液罐，A 罐中主要含硝酸钙、硝酸钾、硝酸铵和螯合铁，B 罐中主要含硫酸钾、磷酸二氢钾、硫酸镁、硫酸锰、硫酸铜、硫酸锌、硼砂和钼酸钠，通常浓缩成 100 倍的母液。为了防止母液罐出现沉淀，有时还配备酸液罐以调节母液酸度。整个系统由计算机控制，实现了自动调节、稀释及混合配制成工作液。

表 3-16　工作液配制记录表

配方名称		使用对象		备注
工作液体积		配制日期		
水 pH		计算人		
工作液 pH		核查人		
EC 值		配制人		
原料名称及称(移)取量				

② 直接配制工作液　在大规模生产中，为了节约空间，减少工作步骤，常常称取各种肥料直接配制栽培用营养液。具体方法如下：

第一步，按配方和欲配制工作液的体积计算出所需各种肥料的实际用量，并调整水的 pH。

第二步，配制 C 母液。

第三步，向贮液池或其他容器中注入相当于工作液终体积 60％～70％的水量。

第四步，称取相当于 A 母液的各种肥料，分别在容器中溶解后倒入贮液池内，开启水泵循环流动 30min。

第五步，称取相当于 B 母液的各种肥料，依次在容器内溶解，随水流注入贮液池中，开启水泵循环流动 30min，此过程所加入的水以达到总液量的 80％为度。

第六步，量取 C 母液并稀释，在贮液池的水源注入处缓慢倒入，加够水量后，开启水泵循环流动至工作液均匀为止。

第七步、第八步，同母液稀释法中的第六步和第七步。

3.3.3　营养液配制的操作规程

为了保证营养液配制过程中不出差错，需要建立一套严格的操作规程。内容主要包括：

① 仔细阅读肥料或化学品说明书，注意分子式、含量、纯度等指标，检查原料名称是否相符，准备好盛装贮备液的容器，贴上不同颜色的标识。

② 原料的计算过程和最后结果要经过三名工作人员三次核对，确保准确无误。

③ 各种原料分别称好后，一起放到配制场地规定的位置上，最后核查无遗漏，再动手配制。切勿在用料及配制用具未到齐的情况下匆忙动手操作。

④ 原料加水溶解时，有些溶解太慢，可以加热。有些原料如硝酸铵和硝酸钾，不能用铁质的器具敲击或铲，只能用木、竹或塑料器具取用。

⑤ 建立严谨的记录档案，以备查验。

3.4 营养液的管理

这里主要指循环式供液中营养液的管理，非循环使用的营养液不回收利用，管理方法较为简单。营养液的管理是无土栽培的关键技术，尤其是在自动化、标准化程度较低的情况下，营养液的管理更加重要。

3.4.1 溶存氧的补充

生长在营养液中的植物根系，其呼吸所需的氧气，可以有两个来源，一是靠吸收溶解于营养液中的氧气，二是靠植物体内形成的氧气输导组织从地上部向根系输送。第二种氧源不是所有植物都具备的。植物一般大致可分为三类：一是不耐淹浸的旱地植物，体内不具备氧气输导组织，如黄瓜、辣椒等；二是沼泽植物，如水稻、茭白、水芹、水蕹菜、豆瓣菜等，体内都具有氧气输导组织；三是耐淹浸的旱地植物，在遇到淹浸环境时会适应性形成氧气输导组织，如豆科绿肥田菁、合萌、伞形科的芹菜、鸭儿芹等，这类植物现在还了解不多，需在实践中不断观察以补充其行列，这对解决水培上的供氧问题很有用。日本并木氏发现番茄在苗期即处于低氧营养液中栽培，可形成具有氧气输导组织的根系。华南农业大学作物营养与施肥研究室观察到节瓜、丝瓜、直叶莴苣也具有这种功能。

无土栽培的蔬菜大多为不耐淹浸的旱地植物，无土栽培尤其是水培，氧气供应是否充足和及时往往成为决定植物能否正常生长发育的限制因素。生长在营养液中的根系，其呼吸所用的氧气，主要依靠根系对营养液中溶存氧的吸收，若营养液内的溶解氧含量低于正常水平，就会影响根系呼吸和吸收营养，植物就表现出各种异常症状，甚至死亡。

（1）溶存氧的含义与测定方法　溶存氧是指在一定温度、一定压力下单位体积营养液中溶解的氧气含量，常以 mg/L 为单位。由于在一定温度和压力条件下，溶解于溶液中的空气，其氧气占空气的比例是一定的，因此也可以用氧气占饱和空气的百分数（%）来表示此时营养液中氧气的含量。

营养液的溶存氧可以用溶氧仪（测氧仪）来测得，此法简便、快捷。也可以用化学滴定的方法来测得，但测定程序繁琐。用溶氧仪测定营养液的溶存氧时，一般是先测定营养液中的饱和空气百分数，然后通过营养液的液温与饱和溶存氧含量之间的关系表（表3-17）查出该营养液液温下的饱和溶存氧含量，再用下列公式计算出此时营养液中实际溶存氧的含量。

$$M_0 = MA$$

式中　M_0——在一定温度和压力下营养液中的实际溶存氧含量，mg/L；

　　　M——在一定温度和压力下营养液中的饱和溶存氧含量，mg/L；

　　　A——在一定温度和压力下营养液中的饱和空气百分数，%。

表 3-17　不同温度下饱和溶存氧的含量

温度/℃	溶存氧/(mg/L)	温度/℃	溶存氧/(mg/L)	温度/℃	溶存氧/(mg/L)
0	14.62	14	10.37	28	7.92
1	14.23	15	10.15	29	7.77
2	13.84	16	9.95	30	7.63
3	13.48	17	9.74	31	7.50
4	13.13	18	9.54	32	7.40
5	12.80	19	9.35	33	7.30
6	12.48	20	9.17	34	7.20
7	12.17	21	8.99	35	7.10
8	11.87	22	8.83	36	7.00
9	11.59	23	8.68	37	6.90
10	11.33	24	8.53	38	6.80
11	11.08	25	8.38	39	6.70
12	10.83	26	8.22	40	6.60
13	10.60	27	8.07		

在水培营养液中，溶存氧的浓度一般要求保持在饱和溶解度的 50% 以上，这相当于在适合多数植物生长的液温范围（15～27℃）内 ≥4～5mg/L 的含氧量。

（2）增氧措施　补充溶存氧，一是靠从空气中自然向营养液扩散；二是靠人工增氧。自然扩散的速度较慢，增量少，只适宜苗期使用。如在 20℃ 左右，液深在 5.0～15cm 范围，靠自然扩散每小时可增加营养液中的含氧量约为饱和溶解度的两个百分点。假设营养液的含氧量现在是饱和溶解度的 60%，经过 4h 的自然扩散，可以增至 68%，远远赶不上植物所消耗的速度。因此，水培及多数基质培中都采用人工增氧的方法。

人工增氧措施主要是利用物理或化学方法来增加营养液与空气的接触机会，促进氧气向营养液中扩散，从而提高营养液中溶存氧的含量。具体的增氧方法有落差、喷雾、搅拌、压缩空气、循环流动、使用增氧器和化学增氧剂等（图 3-6）。

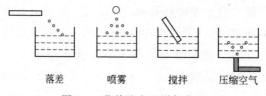

落差　　喷雾　　搅拌　　压缩空气

图 3-6　营养液人工增氧方法

多种增氧方法结合使用，增氧效果会更明显。营养液循环流动有利于带入大量氧气，此法效果很好，是生产上普遍采用的增氧办法。

3.4.2 EC值的调整

在无土栽培中，营养液的EC值是需要经常进行调整的。EC值不应过高或过低，否则均会对作物的生长产生不良影响。EC值调整的依据和办法如下。

(1) 针对不同作物调整EC值 不同作物对营养液EC值的要求不同，这与作物的耐肥性和营养液配方有关（表3-18）。如在相同栽培条件下，番茄要求的营养液浓度比莴苣的高些。尽管如此，每种作物都有一个合适的浓度范围。就多数作物来说，营养液EC值适宜的浓度范围为0.5~3.0mS/cm，最高不超过4.0mS/cm。

表3-18　几种作物营养液EC值的管理指标

作物	生育前期EC值/(mS/cm)	生育后期EC值/(mS/cm)
生菜	2.0	2.0~2.5
油菜	2.0	2.0
菜薹	2.0	2.0
芥蓝	2.0~2.5	2.5~3.0
番茄	2.0	2.5
甜瓜	2.0	2.5~3.0

(2) 根据同一作物不同生育时期调整EC值 作物在不同生育时期要求的营养液EC值不完全一样，一般苗期和生长初期低，生育盛期最高。如栽培樱桃番茄时，苗期用标准配方的1/2个剂量，定植缓苗后增至1个剂量，始花坐果期再增至1.2~1.4个剂量，结果盛期增至1.8~2.0个剂量。

(3) 依据不同季节调整EC值 在栽培作物的过程中，营养液的EC值应随温度的变化而进行调整。一般来说，夏季栽培时，营养液的EC值可稍低一些，但不宜低于2.0mS/cm；冬季栽培时，可稍高一些，但不宜高于3.0mS/cm。

3.4.3 液温的控制

(1) 营养液温度对植物的影响 营养液温度即液温直接影响到根系的呼吸、对养分的吸收和作物生长。植物对低液温或高液温其适宜范围都是比较窄的（表3-19），温度的波动会引起病原菌的滋生和植物生理障碍的产生，同时还会降低营养液中溶存氧的含量。稳定的液温可以减弱过低或过高的气温对植物造成的不良影响，例如，冬季气温降至10℃以下，如果液温仍保持在16℃以上，则对番茄的果实发育没有影响；在夏季气温升至32~35℃时，如果液温仍保持不超过28℃，则黄瓜的产量不受影响，而且劣果数显著减少。

表 3-19 不同作物对营养液液温的要求   单位:℃

作物种类	最高	适温	最低	作物种类	最高	适温	最低
番茄	25	23～15	13	甜瓜	25	23～18	13
茄子	25	23～18	13	草莓	25	20～15	13
甜椒	25	23～18	13	菠菜	25	20～16	13
黄瓜	25	22～18	13	生菜	25	22～18	13
西瓜	25	22～18	13	水芹	25	22～18	13

一般来说,黄瓜、番茄、辣椒、菜豆等喜温性蔬菜的适宜液温为 15～25℃,芹菜、韭菜、樱桃萝卜、白菜的适宜液温为 15～22℃。一般来说,夏季的液温控制不超过 28℃,冬季的液温保持不低于 15℃,对大多数作物都是比较适合的。

(2) 营养液温度的调整 除现代化无土栽培基地外,我国多数无土栽培设施中没有专门的营养液温度调控设备,通常都是在建造栽培系统时采用各种保温措施。具体做法有:①种植槽采用隔热性能高的材料建造,如泡沫塑料板、木板、水泥砖块等;②加大单株植物的占液量,提高营养液对温度的缓冲能力;③设置深埋于地下的贮液池。

另外,也可在贮液池中安装不锈钢螺纹管,通过循环于其中的热水、井水或冷泉水进行加温或降温。

3.4.4 水分和养分的补充

由于作物在生长过程中不断地吸收水分和养分,从而引起营养液的浓度、组成等发生变化。因此,需要定期监测并补充营养液中的水分及养分。

(1) 水分的补充 水分的补充不用每天都进行,可以预先在贮液池内壁上画一条补充水分的水位线,当停止供液,营养液全部回流到贮液池中,如其水位已下降到预定的水位线以下时,即应加水补充到原来的容量。

(2) 养分的补充 补充水分之后,用电导率仪测定营养液的电导率值,并与刚配制好时营养液的电导率值作对比,根据营养液电导率值的前后变化来补充养分,这是生产上常用的方法。如营养液刚配制好时,电导率值为 2.0mS/cm,使用一段时间之后,加够水分,电导率值变为 1.0mS/cm,则应按照标准配方规定的用量再添加一半的各养分。

值得注意的是生产上一般不做营养液中个别元素的测定,也不做个别元素的单独补充,要全面补充营养液。

3.4.5 pH 的调节

(1) 营养液 pH 对植物生长的影响 营养液的 pH 对植物生长的影响有直接和间接两个方面。直接的影响是,当溶液 pH 过高或过低时,都会伤害植物的根系，明显的伤害范围一般是在 pH 4～9 之外；间接的影响是，使营养液中的某些营养元素有效性降低以至失效。如当 pH＞7 时，磷、钙、镁、铁、锰、硼、锌等的有效性都会降低，特别是铁最突出。当 pH＜5 时，由于氢离子浓度过高而对钙离子产生显著的拮抗作用，使植物吸不足钙而出现缺钙病症。不同的作物对营养液适宜的 pH 有不同的具体要求（表 3-20）。

表 3-20　几种作物适宜的 pH

作物	最适 pH	作物	最适 pH
甜菜	7.0～7.5	辣椒	6.2～8.5
白菜	7.0～7.4	茄子	6.8～7.3
黄瓜	6.4～7.2	甜瓜	6.0～6.8
豌豆	6.0～7.0	马铃薯	4.5～6.3
莴苣	6.0～7.0	南瓜	5.5～6.8
番茄	6.0～7.0		

（2）营养液 pH 发生变化的原因　营养液 pH 的变化主要是受配制营养液时生理酸性盐和生理碱性盐的用量和比例、栽培作物的种类、单株植物根系占有的营养液量、营养液的更换频率等诸多因素的影响。选用生理酸碱性变化平衡的营养液配方，可减少调节 pH 的次数。单个植株根系占有营养液的体积越大，则其 pH 的变化速率就越慢、变化幅度就越小。营养液更换频率越高，则 pH 变化速度延缓、变化幅度也小。

（3）营养液 pH 的调节　营养液的 pH 可用精密 pH 试纸或酸度计测定。当营养液 pH 上升时，可用稀硫酸、稀硝酸或磷酸溶液中和。硫酸溶液的硫酸根离子虽属营养成分，但植物吸收较少，常会造成盐分的累积；硝酸根离子植物吸收较多，盐分累积的程度较轻，但要注意植物吸收过多的氮而造成体内营养失调。降低 pH 的具体做法是：取出一定体积的营养液，用已知浓度（1～2mmol/L）的稀酸逐滴加入，随时测其 pH 的变化，达到要求数值后计算出用酸量，然后据此推算出整个栽培系统的总用酸量。

当 pH 下降时，用稀氢氧化钠或氢氧化钾中和。钠离子不是营养成分，会造成总盐浓度的升高；钾离子是营养成分，盐分累积程度较轻，但氢氧化钾价格比较贵，且钾吸收多了也会引起营养失调。考虑到成本，生产上最常用的还是氢氧化钠。

3.4.6　营养液的更换

循环利用的营养液在使用一段时间之后，需要重新配制新的营养液将其全部更换掉。

更换的时间主要取决于有碍作物正常生长的物质在营养液中积累的程度，这些物质主要来源有：肥料中所带的非营养成分（如硝酸钠中的钠等）；中和生理酸碱性所产生的盐；使用硬水作水源时所带的盐分；植物根系的分泌物和脱落物以及由此而引起的微生物分解产物等。这些物质积累多了，会导致营养液总盐浓度过高而抑制作物生长，也会干扰对营养液浓度的准确监控。在生产上营养液的养分浓度，都用电导率值来反映，而多余的非营养成分的盐类必然也反映到电导率值上，从而出现电导率值虽高，但实际的有效营养成分很低的状况。此时就不能再用电导率值来准确反映营养液中营养成分的高低。要确定这种状态是否出现，一般通过测定营养液电导率值的变化情况是可以估计得到的。营养液的电导率值在正常生长的作物对其吸收后必然是降低的，如经多次补充养分后，作物虽然仍在正常生长，但其电导率值却居高不降，这就有可能在营养液中积累了较多的非营养盐分。要更精准地掌握这种情况，最好是同时测定营养液中三大营养元素（氮、磷、钾）的含量，如它们的含量很低，而电导率值却很高，即表明其中盐分多属非营养盐分，这时就要彻底更换营养液。

若无分析各个营养成分的仪器设备，也可考虑用配制营养液的水源、水质和种植时间来决定营养液的更换时间。

一般在软水地区，种植生长期较长的作物（每茬 3～6 个月，如果菜类蔬菜），可在生长中期更换 1 次营养液或不更换，只需补充消耗的水分和养分。生长期较短的作物（每茬 1～3 个月，如叶菜类蔬菜），可连续种 3～4 茬后再更换 1 次；用硬水配制的营养液，种植生长期较长的作物每 1～2 个月就需更换一次营养液，种植生长期较短的作物一般每茬更换一次。

关键技术 3-1　水中钙、镁含量的测定

营养液配方是前人根据大量试验结果精心设计出来的平衡溶液，因此在配制时应按照配方计算和称量各种化合物的用量。但有的地区水质硬度偏高，所含元素，特别是钙、镁的含量较多，因此在配制前必须先测定水中钙、镁的含量，以便在计算肥料实际用量时扣除这部分养分的含量。本实验采用"络合滴定法"测定水中 Ca^{2+}、Mg^{2+} 的含量。

1.1　技能训练目标

① 通过水中 Ca^{2+}、Mg^{2+} 含量的测定，认识络合滴定法的基本原理和操作方法。

② 了解铬黑 T、钙指示剂的应用条件和终点变化。

1.2　材料与用具

1.2.1　仪器、器皿

托盘天平（或分析天平）；干燥器；碱式滴定管；研钵；50mL 量筒；250mL 容量瓶；500mL 烧杯；250mL 锥形瓶；移液管；50 或 100mL 棕色瓶；pH 计或 pH 试纸；滤纸。

1.2.2　药品

① NaOH（6mol/L）。

② 氨水-NH$_4$CL 缓冲液（pH＝10）：取 6.75g NH$_4$CL 溶于 20mL 水中，加入 57mL 氨水（15mol/L），用水稀释至 100mL。

③ 铬黑 T 指示剂（0.5%）：铬黑 T 与固体无水 Na$_2$SO$_4$ 或 NaCl 以 1：100 的比例混合，研磨均匀，放入干燥的棕色瓶中，保存于干燥器内。

④ 钙指示剂（1%）：钙指示剂与固体无水 Na$_2$SO$_4$ 以 2：100 比例混合，研磨均匀，放入干燥的棕色瓶中，保存于干燥器内。

⑤ 0.01mol/L Mg^{2+} 标准溶液的配制：准确称取 MgSO$_4$·7H$_2$O 0.6158g 于少量水中，转入 250mL 容量瓶中，稀释至刻度。

⑥ 0.01mol/L EDTA 溶液的配制：称取 3.7g EDTA 二钠盐溶于 1000mL 水中，若有不溶残渣，必须过滤除去。

提前做好标定：用 25mL 移液管吸取 Mg^{2+} 标准溶液于 250mL 锥形瓶中，加水 150mL。加入氨水-NH$_4$CL 缓冲液 5mL，铬黑 T 指示剂约 30mg，用 EDTA 溶液滴定，不断搅拌，滴定至溶液由酒红色变成纯蓝色，即为终点。

1.3　方法与步骤

1.3.1　原理

络合滴定法最常用的络合剂是 EDTA（H$_2$Y^{2-}）。用 EDTA 测定 Ca^{2+}、Mg^{2+} 时，通常在两个等份溶液中分别测定 Ca^{2+} 和 Ca^{2+}、Mg^{2+} 总量，Mg^{2+} 总量可以从所用 EDTA 的差数中求出。在测定 Ca^{2+} 时，先用 NaOH 调节溶液至 pH≥12，则 Mg^{2+} 生成难溶性的 Mg(OH)$_2$ 沉淀，此时加入钙指示剂，它只能与 Ca^{2+} 络合呈红色。当加入 EDTA 时，则 EDTA 首先与游离 Ca^{2+} 络合，然后再夺取已和钙指示剂络合的 Ca^{2+}，而使钙指示剂游离出来，溶液的红色变成蓝色。可由 EDTA 标准溶液用量计算 Ca^{2+} 的含量。

在测定 Ca^{2+}、Mg^{2+} 总量时，在 pH10 的缓冲液中，加铬黑 T（H$_2$In$^-$）指示剂之后，因稳定性 CaY^{2-}＞MgY^{2-}＞MgIn$^-$＞CaIn$^-$，故铬黑 T 先与部分 Mg^{2+} 络合为 MgIn$^-$（酒精红色）。当滴入 EDTA 时，则 EDTA 首先与 Ca^{2+} 和 Mg^{2+} 络合，然后再夺取 MgIn$^-$ 中的 Mg^{2+}，使铬黑 T 游离，溶液由酒红色变为天蓝色，指示已达化学计量点。从 EDTA 标准溶液的用量即可计算出样品中钙、镁总量。

1.3.2　Ca^{2+} 的测定

从滴定管中放出水样 50mL 于 500mL 烧杯中，加水 150mL、6mol/L NaOH1.5mL，以 pH 试纸检查 pH＞12 时，加钙指示剂约 30mg，用 EDTA

溶液滴定，不断搅拌，当溶液变为纯蓝色时，即为终点，记下所用 EDTA 体积 V_1。再用同样方法测定一份。注意滴定过程中要充分搅拌，特别接近终点时，必须慢慢滴加，否则易造成 EDTA 过量。当试液中 Mg^{2+} 含量较高时，加入 NaOH 后，产生 $Mg(OH)_2$ 沉淀，使结果偏低或终点不明显［因 $Mg(OH)_2$ 沉淀吸附了指示剂之故］，可将溶液稀释后测定。

1.3.3 Ca^{2+}、Mg^{2+} 总量的测定

取水样 50mL 于 500mL 烧杯中，加水 150mL，加氨水-NH_4CL 缓冲液 5mL，铬黑 T 指示剂约 30mg，用 EDTA 滴定。当溶液变为纯蓝色时，视为终点。记下所用 EDTA 体积 V_2。再用同样方法测定一份。

1.3.4 计算水中 Ca^{2+}、Mg^{2+} 的含量

按下列公式计算每升水样中 Ca^{2+}、Mg^{2+} 的含量（mg/L）：

$$Ca^{2+}(mg/L) = (c_{EDTA}V_1 \times M_{Ca})/50 \times 1000$$

$$Mg^{2+}(mg/L) = [c_{EDTA}(V_2 - V_1) \times M_{Mg}]/50 \times 1000$$

1.4 技能要求

① 理解络合滴定法测定水样中 Ca^{2+}、Mg^{2+} 含量的原理。

② 指示剂加入量准确，滴定至终点。

1.5 技能考核与思考题

1.5.1 技能考核

演示测定水样中 Ca^{2+}、Mg^{2+} 含量的操作步骤，并计算结果。

1.5.2 思考题

络合滴定法为什么可以测定水样中 Ca^{2+}、Mg^{2+} 的含量？

关键技术 3-2 营养液的配制

2.1 技能训练目标

① 理解营养液必需元素的组成。

② 熟悉母液和工作液的配制方法。

2.2 材料与用具

2.2.1 药品

大量元素肥料：四水硝酸钙[$Ca(NO_3)_2 \cdot 4H_2O$]、硝酸钾（KNO_3）、磷酸二氢铵（$NH_4H_2PO_4$）、七水硫酸镁（$MgSO_4 \cdot 7H_2O$）。

微量元素肥料：乙二胺四乙酸二钠铁（Na_2Fe-EDTA）、硼酸（H_3BO_3）、

四水硫酸锰（$MnSO_4 \cdot 4H_2O$）、七水硫酸锌（$ZnSO_4 \cdot 7H_2O$）、五水硫酸铜（$CuSO_4 \cdot 5H_2O$）、四水钼酸铵[$(NH_4)_6Mo_7O_{24} \cdot 4H_2O$]。

2.2.2 用具

托盘天平1台；电子分析天平1台；量筒（100mL、200mL）各6只；量杯（1L）6只；容量瓶（1L）6只；玻璃棒6支。

2.3 方法与步骤

2.3.1 母液的配制

(1) 营养液配方　以日本园试营养液标准配方（表3-14）为例。

(2) 母液种类　浓缩母液一般分为A、B、C三种。

A母液：以钙盐为主，凡不与钙产生沉淀的化合物都可以配制成A母液。

B母液：以磷酸盐为主，凡不与磷酸盐产生沉淀的化合物都可以配制成B母液。

C母液：以铁盐为主，由乙二胺四乙酸二钠铁（Na_2Fe-EDTA）和其他微量元素构成。

A、B两种母液浓缩100倍，C母液浓缩1000倍。

(3) 方法步骤

① 换算各化合物的实际用量　根据母液的浓缩倍数、需配制的体积及化合物的纯度，参照标准配方的要求，换算出各化合物的实际用量。

② 称量、溶解　利用托盘天平和电子分析天平准确称量好各种化合物的实际用量，按照下列化合物的溶解顺序，分别配制成A、B、C三种母液。

③ 化合物溶解顺序　A母液：先溶解硝酸钙，再加入硝酸钾，搅拌直至溶解均匀。

B母液：先溶解硫酸镁，再加入磷酸二氢铵，加水搅拌直至完全溶解。

C母液：先用温水分别溶解乙二胺四乙酸二钠（Na_2-EDTA）和七水硫酸亚铁（$FeSO_4 \cdot 7H_2O$），然后将七水硫酸亚铁溶液缓慢倒入乙二胺四乙酸二钠溶液中，边加边搅拌，配制成Na_2Fe-EDTA溶液。其他各种微量元素肥料应分别在小塑料容器中溶解，再依次缓慢倒入已配制好的Na_2Fe-EDTA溶液中，边加边搅拌，最后加清水至终体积。

2.3.2 工作液的配制

利用母液配制工作液：

① 按照母液的稀释倍数和需配制的工作液体积，分别推算出各种母液的准确移取量。

② 根据工作液的最终体积，先在容量瓶中加入相当于终体积60%～70%的水量，然后加入A母液，搅拌直至A母液扩散均匀后，再加入B母液，此时水量为终体积的80%左右，最后加入C母液，均匀扩散后，加水定容至终体积。

2.4 技能要求

① 营养液配制用品准备齐全，母液及工作液盛装容器标识清晰。

② 各种化合物用量换算正确、称量准确、充分溶解、混配合理。

③ 母液移取量推算正确、移取准确。

④ 按操作规程与先后顺序配制母液和工作液，并注意搅拌均匀，防止沉淀产生。

2.5 技能考核与思考题

2.5.1 技能考核

按照营养液标准配方，直接配制 1L 工作液。

2.5.2 思考题

① 说明母液的配制步骤和注意事项。

② 母液如何稀释成工作液？

第4章

无土育苗

无土育苗是无土栽培中不可缺少的首要环节，并且随着无土栽培的发展而发展，同时无土育苗也适用于土壤栽培。

发达国家的无土育苗已发展到较高水平，实现了多种蔬菜和花卉的工厂化、商品化、专业化生产。20 世纪 60 年代诞生的穴盘育苗，70 年代开始在欧美等国得到迅速发展，其中以美国的推广面积最大，穴盘苗占商品苗总量的 70% 以上。韩国、日本和我国台湾的蔬菜穴盘育苗也走向快速发展阶段。在我国，1980 年北方地区成立了蔬菜工厂化育苗攻关协作组，无土育苗是其中核心内容之一，全国各地的高等院校、科研单位和技术推广部门相继从温、光、水、肥、气等环境因素与育苗设施方面开展研究，取得了可喜的成果。20 世纪 80 年代中期，北京率先引进国外先进的机械化穴盘育苗生产线，并对其不断进行消化吸收和改进提高。"八五"期间，河北、山东、河南、山西、辽宁、上海、江苏、浙江等省市大力开展了机械化育苗技术的研究与推广工作，先后在全国建起专业性育苗场所 40 余座。"九五"期间，北京、上海、沈阳、杭州、广州等地又建成一批现代化、机械化育苗场所，有力地促进了无土育苗技术的发展。

4.1 无土育苗概述

4.1.1 无土育苗的概念和优点

（1）无土育苗的概念　不用土壤，而用营养液和基质或单纯用营养液培育作物幼苗的方法称为无土育苗，也称营养液育苗。

（2）无土育苗的优点

① 降低劳动强度，减轻土传病虫害　无土育苗按需供应营养和水分，节水省

肥,且省去了大量的床土和底肥,既隔绝了土传病虫害的发生,又降低了劳动强度。

② 幼苗素质高,苗齐、苗全、苗壮 由于设施形式、环境条件及技术条件的改善,无土育苗所培育的秧苗素质优于常规土壤育苗,表现为幼苗整齐一致,生长速度快,育苗周期缩短,病虫害减少,壮苗指数提高。由于幼苗素质好,抗逆性强,根系发达、健壮,定植之后缓苗期短或无缓苗期,为后期生长奠定了良好的基础。番茄、黄瓜无土育苗与土壤育苗的效果比较见表4-1。

表4-1 番茄、黄瓜无土育苗与土壤育苗的效果比较(山东农业大学)

不同作物育苗方式		日期/(月/日)		成苗叶面积/(cm²/株)	鲜重/(g/株)	根吸收面积/m²	
		播种	成苗			总面积	活跃吸收面积
番茄	无土	5/15	6/12	507	21.0	3.85	1.54
	土壤	5/15	6/15	411	13.0	3.74	0.89
黄瓜	无土	5/15	6/8	430	29.2	4.95	2.20
	土壤	5/15	6/10	·295	18.5	4.09	1.49

③ 提高空间利用率 无土育苗所用的设施设备规范化、标准化,可进行多层立体培育,大大提高了空间利用率,增加了单位面积育苗数量,节省了土地面积。

④ 易于实现工厂化、机械化和专业化育苗 无土育苗易于对育苗环境和幼苗生长进行调节,科学地供水供肥,提高肥水利用率。便于实行标准化管理和工厂化、规模化与集约化育苗。

⑤ 产品便于运输、销售 无土育苗所用的基质一般容重轻,体积小,保水保肥性强,便于秧苗长距离运输和进入流通领域。

问题栏

无土育出的苗能土壤栽培吗?

蔬菜、花卉无土育苗只是育苗时不用土壤,育苗手段或方式和有土育苗不同罢了,所育出的苗同样适用于土壤栽培。国内就有一些企业看重无土育苗的优点,通过无土育苗方式培育健壮、规格一致的成品苗、商品苗,然后再定植到土壤中,进行土壤栽培管理。

4.1.2 无土育苗的基本方式

无土育苗一般有播种育苗、扦插育苗和组织培养育苗三种方式,生产上一般以播种育苗为主。播种育苗根据育苗的规模和技术水平,又分为普通无土育苗和工厂化无土育苗两种。普通无土育苗一般规模小,育苗成本较低,但育苗条件差,主要靠人工操作管理,影响秧苗的质量和整齐度。工厂化无土育苗则是在完全或基本上人工控制的环境条件下，按照一定的工艺流程和标准化技术进行秧苗的规模化生产，具有效率高、规模大、育苗条件好、秧苗质量和规格化程度高等特点，但育苗成本较高。

4.1.3 无土育苗的容器、设施与设备

育苗的容器、设施和设备可根据育苗要求、目的以及自身条件综合加以考虑。对于大规模专业化育苗来说，无土育苗的设备应当是先进的、完整配套的，如工厂化穴盘育苗要求具有完善的育苗设施、设备以及现代化的测控仪器，一般在现代温室内进行。而小规模的普通无土育苗，可因地制宜地选择育苗设备，通常在日光温室、塑料大棚等普通设施内进行。

(1) 育苗容器

① 育苗穴盘　育苗穴盘是按照一定规格制成的带有很多小型钵状穴的塑料盘，分为聚乙烯薄板吸塑而成的穴盘和聚苯乙烯或聚氨酯泡沫塑料模塑而成的穴盘，普通无土育苗和工厂化育苗均可使用。国际上使用的穴盘外形大小多为长×宽为54.9cm×27.8cm，小穴深度视孔大小而异，3.0～10cm不等。根据穴盘孔穴数目和孔径大小，穴盘分为50、72、105、128、200、288、392、512、648孔等不同规格（图4-1），其中72、105、128、

图4-1　50孔育苗穴盘

288孔的穴盘较常用。依据育苗的用途和作物种类，可选择不同规格的穴盘，一次成苗或培育小苗供分苗用。使用前先在孔穴中装满基质，然后播种，播种时每穴1～2粒，成苗时1穴1株。

② 塑料钵　塑料钵的种类很多。外形有圆形钵和方形钵；组成有单个钵和联体钵；材料有聚乙烯钵和聚氯乙烯钵。目前主要用聚乙烯制成的单个软质圆形塑料钵，上口直径和钵高分别为8.0～14cm，下口直径6.0～12cm，底部有一个或多个渗水孔以利于排水（图4-2）。育苗时根据作物种类、苗期长短和苗大小选用不同

图4-2　聚乙烯塑料钵

规格的钵。蔬菜育苗多采用上口直径 8.0～10cm 的，花卉和林木育苗可选用口径较大的。一次成苗的作物可直接播种，需要分苗的作物则先在播种床上播种，待幼苗长至一定大小后再分苗至塑料钵中，营养液从上部浇灌或从底部渗灌。硬质塑料联体钵一般由 50～100 个钵联成一套，每钵的上口直径为 2.5～4.5cm，高 5.0～8.0cm，可供分苗或育成苗用。

有些塑料钵的侧面和底部有孔，容积为 200～800mL 不等（图 4-3），使用时装入石砾或其他基质，然后放在营养液深 1.5～2.0cm 的育苗盘中育苗，待成苗后直接定植到栽培槽的定植板孔穴中或盛有基质的花盆中，作物根系通过底部和侧面的小孔伸到营养液或基质内。这种育苗方法主要用于沙砾培、深液流培的果菜类蔬菜和观叶类花卉。播种床仍需要基质，幼苗一片真叶时转移到塑料钵中培育成成苗。有的塑料钵不用基质，在钵上有一塑料盖，中间有一孔，只要将秧苗裹以聚氨酯泡沫后固定于孔中即可。

图 4-3　水培用各种成型塑料有孔育苗钵

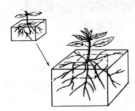

图 4-4　岩棉块"钵中钵"育苗

③ 岩棉块　岩棉块的规格主要有 3.0cm×3.0cm×3.0cm、4.0cm×4.0cm×4.0cm、5.0cm×5.0cm×5.0cm、7.5cm×7.5cm×7.5cm、10cm×10cm×5.0cm 等。较大的岩棉块表面中央开有一个小方洞，用以嵌入一块小方块，小方洞的大小刚好与嵌入的小方块相吻合，称为"钵中钵"（图 4-4）。岩棉块除上下两个面外，四周用乳白色不透光的塑料薄膜包裹，以防止水分蒸发、四周积盐及滋生藻类。育苗时先用小岩棉块，后期再将小岩棉块移入大岩棉块中，然后排列在一起，并随着幼苗的长大逐渐拉开岩棉块之间的距离，避免幼苗互相拥挤遮光。移入大育苗块后，营养液层可维持 1.0cm 深度。另外一种供液方法是将育苗块底部的营养液层用一条 2.0mm 厚的无纺布代替，无纺布垫在育苗块底部 1.0cm 左右的一边，并通过滴灌向无纺布供液，利用无纺布的毛管作用将营养液传送到岩棉块中。此法的效果较上部浇液法和底部浸液法好。

④ 基菲（Jiffy）育苗小块　这是挪威最早生产的一种用 30% 纸浆、70% 草炭和混入的一些肥料及胶黏剂压缩成圆饼状的育苗小块（图 4-5），外面包以有弹性的尼龙网（也有一些没有），直径约 4.5cm，厚约 7.0mm。具有通气、吸水力强、肥沃、轻巧、使用方便等优点。育苗时将其放在不漏水的育苗盘中，然后在育苗块

上播入种子，浇水使其膨胀，每一个育苗块可膨胀至约 4.0cm 厚。育苗块中混有的肥料一般可维持整个苗期生长所需，待苗长得足够大、根系伸出尼龙网之后就可将小苗连同育苗块一起定植了。这种育苗方法很简单，但只适用于瓜果类蔬菜作物的育苗，叶菜类蔬菜的育苗则不够经济。

图 4-5　基菲育苗块育苗

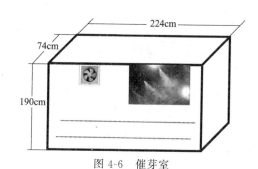

图 4-6　催芽室

（2）催芽室　进行工厂化无土育苗时应配置催芽室。催芽室是专供蔬菜种子催芽、出苗所用的设施，要具备自动调温、调湿的作用。催芽室一般用砖和水泥砌成，墙厚 30cm，高 190cm、宽 74cm、长 224cm（图 4-6）。室内可容纳 1～2 辆育苗车，或设多层育苗床架，上下间距 15cm。室内设置增温设备，如在距地面 5.0cm 处，安装 500W 电热线两根，均匀固定分布在地面，上面盖上带孔铁板，以便热气上升。室内设有自动喷雾调湿装置，在室内上部安装 1.5W 小型排风扇一台，使空气对流。一般室内增温、增湿还应设有控温、湿仪表，加以自控。催芽室的大小，可根据育苗要求灵活确定，容积可增至 $10m^3$。一般的无土育苗，也可用普通温箱，或在温室内搭盖塑料小拱棚作为催芽室。

（3）绿化室　种子萌芽出土后，要立即置于绿化室内见光绿化，否则会影响幼苗的生长和质量。绿化室一般是指用于育苗的温室或塑料大棚。作为绿化室使用的温室应当具有良好的透光性及保温性，以使幼苗出土后能按预定要求的指标管理。用塑料大棚作绿化室时，往往会出现地温不足的问题，因此，在大棚内可增设电热温床，以保证育苗床内有足够的温度条件。

4.2　无土育苗的操作技术

4.2.1　播种育苗

（1）蔬菜种子的质量标准

① 饱满度　用千粒重（1000 粒自然干燥状态的种子）衡量。千粒重越大，种

子越饱满，质量越好。

② 净度　指样品种子中，正常种子的重量占样品种子重量的百分率。净度为100%，表示无杂质。

用下面公式计算种子净度：

种子净度＝(样品种子总重量－杂质重量)/样品种子总重量×100%

③ 纯度　指样品种子中，真正属于本品种的种子重量占样品种子重量的百分率。种子纯度越高，质量越好。

用下面公式计算种子纯度：

种子纯度＝(样品种子总重量－杂种重量－杂质重量)/样品种子总重量×100%

④ 发芽势　指种子发芽初期（规定天数内），供试种子中发芽种子数量占供试种子总数量的百分率。发芽势越高，种子的活力就越强。

用下面公式计算发芽势：

发芽势＝规定天数内发芽种子数/供试种子总数×100%

规定天数一般为：番茄5d，辣椒5d，茄子6d，黄瓜2d。通常为3d。

⑤ 发芽率　指在发芽试验终期（规定天数内），全部发芽的种子数量占供试种子总数量的百分率。发芽率越高，种子质量越好。

规定天数：麦类、谷子、大豆、向日葵等为7d；高粱为8d；水稻、绿豆、花生等为10d。一般为7d。

用下面公式计算发芽率：

发芽率＝全部正常发芽种子数/供试种子总数×100%

(2) 播前准备

① 选择育苗容器、设施和设备（见本章4.1.3）。

② 选用育苗基质　选用适宜的基质是无土育苗的重要环节和培育壮苗的基础。无土育苗所用的基质要求具有较大的孔隙度，适宜的气水比，稳定的化学性质，且对秧苗无毒害。为了降低育苗成本，选择基质时还应遵循就地取材、经济实用的原则，充分利用当地现有的资源。

无土育苗常用的基质种类很多，主要有草炭、蛭石、岩棉、珍珠岩、炭化稻壳、炉渣、木屑、沙子等（彩图4-1～彩图4-3）。这些基质可以单独使用，也可以配成复合基质使用，一般复合基质育苗的效果会更好。有些基质如草炭和蛭石本身含有一定量的大量及微量元素，可被幼苗吸收利用，但对苗期较长的作物，基质中原有的营养并不能完全满足幼苗整个生育期的需要。因此，苗期除了浇灌营养液之外，常常在配制基质时添加不同的肥料（如无机化肥或有机化肥沼渣、沼液、消毒鸡粪等），并在生长后期酌情适当追肥，平时只浇清水，操作方便。由表4-2看出，配制基质时加入一定量的有机肥和无机化肥，不但对出苗有促进作用，而且幼苗的各项生理指标均优于基质中单施无机肥或有机肥的幼苗。

表 4-2　无机肥、有机肥的育苗效果

处理	株高/cm	茎粗/mm	叶片数/片	叶面积/cm²	全株干重/g	壮苗指数
脱味鸡粪	12.5	2.9	4.1	19.12	0.110	0.104
氮、磷、钾复合肥	14.2	3.1	4.5	27.96	0.124	0.121
尿素＋磷酸二氢钾＋脱味鸡粪	17.6	3.6	4.9	39.58	0.180	0.181

③ 种子处理

a. 种子消毒　病菌往往潜伏在许多蔬菜种子的内部或附着在种子的表面，进行种子消毒是防病的有效措施。消毒的方法主要有药物消毒、温汤浸种和热水烫种等。

（a）药物消毒　将消毒用的药物配成一定浓度的溶液，然后把种子浸泡在其中，以杀灭种子所带的病菌。种子消毒的药物有很多，需要用什么药剂，应根据不同病原菌对症下药。例如，防治茄果类蔬菜苗期细菌性病害，可用 0.1%～0.3%的升汞溶液浸泡 5min，再用 1%的高锰酸钾溶液浸泡 10min；防治番茄、黄瓜立枯病，可用 70%敌磺钠（敌克松）药剂拌种（用种子重量的 0.3%）；防治茄果类早疫病，可用 1.0%的福尔马林溶液浸种 15～20min，然后取出用湿布覆盖，闷 12h，可收到良好的效果；用 10%～20%的磷酸三钠或 20%的氢氧化钠溶液，浸种 15min 捞出，用清水冲洗，有钝化番茄花叶病毒的效果。

（b）温汤浸种和热水烫种　温汤浸种和热水烫种可借助热能杀死种子所带的病菌，而且还有促进种子呼吸作用，缩短浸种时间，达到发芽迅速而整齐的效果。方法是茄子、丝瓜、冬瓜等种皮较厚的种子可用 70～75℃热水烫种 5～10min，然后使其自然冷凉至 30℃浸种。其他茄果类、黄瓜、甘蓝可用 50～55℃温汤浸种 10～15min。一般用水量为种子量（体积）的 5 倍。

b. 浸种　浸种是使种子吸够发芽所需的水分。方法是把消过毒的种子泡在一定温度的清水中，经过一段时间，使其吸足水分，同时洗净附着在种皮上的黏质，以利于种子吸水和呼吸。若种子贮藏前未经发酵的种皮上黏质多，难以洗净，可用 0.2%～0.5%的碱液先搓洗一下，然后换成清水继续搓洗，搓洗种子过程中要不断换水，一直到种皮洗净无黏液、无气味。种皮坚硬而厚难以吸水的种子，如西瓜、苦瓜、丝瓜等，可将胚端的种壳破开以助吸水。

浸种的方法一般有普通浸种、温汤浸种和热水烫种三种。浸种的水量以水层浸过种子层 2.0～3.0cm，种子厚度不超过 15cm 为宜。水层和种子层不能太厚，以利于种子呼吸作用，防止胚窒息死亡。普通浸种适宜的温度为 25～30℃，时间见表 4-3。

表 4-3　几种蔬菜种子适宜的浸种时间

蔬菜种类	番茄	辣椒	茄子	甘蓝	芹菜	冬瓜	黄瓜	西葫芦
时间/h	6	12	24	4	12	12	4	8

c. 催芽　将浸泡过的种子，置于适宜的温、湿度条件下，促使种子迅速而整齐地发芽，称为催芽。具体方法有恒温箱或催芽箱催芽、常规催芽、木屑催芽等。

（a）恒温箱或催芽箱催芽　先把裹有种子的纱布袋置于催芽盘内，然后放入恒温箱或催芽箱中催芽。这是目前比较理想的催芽方法，其温度、光照、变温处理都可自动控制。工厂化育苗时可将浸泡后的种子播于育苗车上的穴盘中，将育苗车直接推进催芽室进行催芽。

（b）常规催芽　先把浸种后的种子，装入洗净的粗布或纱布里，放在底部垫有潮湿秸秆的木箱或瓦盆里，上面覆盖洗净的麻袋片，然后置于温室火道或火墙附近催芽。注意种子在袋内不宜装得太满，最好装六七成满，使种子在袋内有松动余地。对于一些不易出芽的种子，也可采用掺沙催芽的方法，使之干湿温度均匀，出芽整齐。催芽过程中每隔4～5h将种子翻动一次，使种子受热一致，并有利于通气和发芽整齐。

（c）木屑催芽　为改善催芽温度、湿度条件，对一些难以发芽的种子，如茄子、辣椒等，用木屑催芽效果较好。方法是，先在木箱内装10～12cm厚经过蒸煮消毒的新鲜木屑，洒上水，待水渗下后，用粗纱布袋装半袋种子，平摊在木屑上，种子厚度以1.5～2.0cm为宜，然后在上面盖3.0cm厚经过蒸煮的湿木屑，最后将木箱放在火道、火墙附近或火炕上，保持适宜温度。这种方法在催芽过程中，不需要经常翻动种子，发芽快且整齐，在适温下4～5d即可发芽。

此外还有低温处理催芽、激素处理催芽、变温处理催芽等方法。几种蔬菜种子催芽的温度和时间见表4-4。

表4-4　几种蔬菜种子催芽温度和时间

蔬菜种类	最适温度/℃	前期温度/℃	后期温度/℃	需要天数/d	控芽温度/℃
番茄	24～25	25～30	22～24	2～3	5
辣椒	25～28	30～35	25～30	4～6	5
茄子	25～30	30～32	25～28	3～5	5
西葫芦	25～36	26～27	20～25	2～3	5
黄瓜	25～28	27～28	20～25	2～3	8
甘蓝	20～22	20～22	15～20	2～3	3
芹菜	18～20	15～20	13～18	5～8	3
莴笋	20	20～25	18～20	2～3	3
花椰菜	20	20～25	18～20	2	3
韭菜	20	20～25	18～20	3～4	4
洋葱	20	20～25	18～20	3	4

（3）播种

① 播种期　蔬菜育苗的适宜播种期，应根据当地的气候条件、苗床设备、育

苗方法、蔬菜种类及品种特性等具体情况来确定。根据育苗需要的天数和定植期，便可推算出播种期。计算公式如下：

育苗需要天数＝日历苗龄＋幼苗锻炼天数(7～10d)＋机动天数(3～5d)

② 播种量和播种面积

a. 播种量　播种量可按以下公式计算：

播种量(g/亩)＝[亩种植密度(穴数)×每穴粒数]/[每克种子粒数×纯度(%)×发芽率(%)]×安全系数(2～4)

b. 播种面积　包括播种床面积和分苗床面积。其计算公式为：

播种床面积(m²)＝[播种量(g/亩)×每克种子粒数×(3～4cm²/粒)]/10000

说明：3～4cm²/粒为每粒种子平均占3～4cm²面积，辣椒、早甘蓝、花椰菜等可取3，番茄可取3.5，茄子可取4。瓜类作物一般不分苗，可直接按分苗床面积计算。

分苗床面积(m²)＝[分苗总株数×每株营养面积(cm²)]/10000

说明：每株营养面积一般是辣椒（双株）、黄瓜、西瓜、西葫芦、茄子、番茄为(10×10)cm²，花椰菜为(6×8)cm²。

表4-5是几种蔬菜育苗播种量、播种床面积和分苗床面积，可供参考。

表4-5　几种蔬菜育苗播种量和需要苗床面积（每亩）

蔬菜种类	播种量/g	需播种床面积/m²	需分苗床面积/m²	备注
番茄	40～50	6～8	40～50	
辣椒	100～150	6～8	40～50	
茄子	50～80	3～4	20～25	
黄瓜	150～200		40～50	一般不分苗
西葫芦	200～250		25～30	一般不分苗
早甘蓝	20～30	4～5	40～50	
花椰菜	20～30	3～4	20～25	
芹菜	50		25	不分苗
莴笋	20	2.5～3	24～28	

③ 播种方法　播种要选在无风、晴朗的天气，午前播种。播前用清水喷透苗床内的基质。瓜类、豆类作物一次成苗者，按8.0～10cm株行距点播（一般每穴播1～2粒）。茄果类、叶菜类作物需进行分苗者，可行撒播，粒距1.0～2.0cm。苗床撒播后，覆1.0～2.0cm厚基质，然后轻浇1次水，待苗1～2片真叶后分苗。此外，也可进行条播。

工厂化穴盘育苗时，采用自动精量播种生产线，实现自动播种。

（4）供给营养液　无土育苗过程中养分的供给，除上面提到的在基质混配时先行将肥料加入外，主要通过定期浇灌营养液的方法解决。

育苗营养液可根据具体作物种类确定，常用配方有日本园试配方和山崎配方，使用标准浓度的 1/3～1/2 个剂量，也可使用育苗专用配方。要控制供液量和供液浓度，出苗后及时浇灌营养液，要勤浇少浇，后期逐步恢复为标准浓度。注意调整营养液的 pH，以 pH 为 5.8～6.5 为宜。还可用复合肥（$N-P_2O_5-K_2O$ 含量为 15-15-15）配成的溶液给幼苗浇灌，在子叶期，使用 0.1% 的浓度，第一片真叶出现后浓度提高到 0.2%～0.3%。

4.2.2　扦插育苗

扦插育苗是花卉、果树无性繁殖的主要方法之一，近些年来，在蔬菜上的应用也日益广泛。如瓜类、茄果类蔬菜的育苗等。

(1) 扦插育苗的含义与优点　将植物营养器官或其一部分，插入基质中，使其生根成活，再生为新植株的过程，称为扦插育苗。其优点有：

① 保留母本的优良性状，防止品种退化。扦插繁殖的新植株，能够完全保留母体植株的所有优势，而种子繁殖则新苗易退化。例如，种植葡萄为了防止退化，都是采用扦插繁殖的方法。

② 成苗快，结果早。扦插繁殖的新株生长快，如番茄嫩枝扦插育苗，在适温条件下，5～7d 即可生根成活，一个月左右便能成苗定植。而番茄播种育苗，则最快也得需一个半月左右才可成苗。葡萄苗从扦插到结果要比种子繁殖快三到四年。

③ 解决靠种子不能繁殖的植物其繁殖难题。有些不适合用种子繁殖的作物，只能扦插繁殖。如紫背菜、藤蕹菜等。

④ 操作管理简便。

⑤ 节省种子。

(2) 扦插育苗的类型　通常依据选取植物材料的不同分为叶插、枝插和根插三种。

① 叶插（彩图 4-4）　　凡是能自叶上发生不定芽及不定根的植物，均可用叶插法。适合叶插法的花卉应具有粗壮的叶柄、叶脉或肥厚的叶片，如落葵、食用百合、紫罗兰、大岩桐、秋海棠、虎皮兰、昙花、豆瓣绿、落地生根等。果树几乎不用叶插。

② 枝插（彩图 4-5）　　又分软枝扦插和硬枝扦插。软枝扦插主要用于温室花卉和常绿花木，如天竺葵、秋海棠类、倒挂金钟、茉莉、杜鹃、夹竹桃等。某些蔬菜作物也可用此法进行育苗，如紫背菜、木耳菜、养心菜、空心菜、薄荷、红薯、番茄、扫帚菜等。一般 5～9 月进行。选取当年生健壮、充实、带叶的枝条作插穗，过嫩容易腐烂，过老生根困难。硬枝扦插多用于落叶花木，如石榴、月季、一品红、迎春、葡萄等。选一、二年生健壮枝条作插穗，入冬前沙藏于窖里，春季扦插或在温室内提前扦插。

③ 根插（彩图 4-6）　主要用于芍药、荷包牡丹、荷兰菊、贴梗海棠、紫藤、宿根福禄考、合欢、海棠、梅花、紫薇等根上能长不定芽的花卉种类和枝插不易成活的某些果树如枣、柿、核桃等，以及刺嫩芽、蒲公英、香椿、红薯等。用这种方法繁殖的苗木生理年龄小，到开花的阶段需要培养时间长。

在扦插育苗中，为了促进插穗生根，提高成活率，常常在扦插之前用生长素类物质处理，常用的药剂有吲哚乙酸（IAA）、吲哚丁酸（IBA）、萘乙酸（NAA）、2,4-二氯苯氧乙酸（2,4-D）、生根粉等。处理方法主要是浸泡或蘸粉，浸泡浓度一般草本植物为 5～10mg/L，木本植物为 50～200mg/L，时间为 12～24h。

（3）扦插育苗的季节、插穗的选取和制作

① 扦插育苗的季节　一般来说，植物一年四季都可以扦插，但以春、秋两季为好，此时的自然环境比较适宜。通常每一种植物都有其最适宜的扦插时期，同一植物在不同地区、不同气候环境，扦插时间和扦插技术也不尽相同。

② 插穗的选取和制作　插穗应选择易生根且遗传变异性小的部位作为繁殖材料。木质化程度低的植物如秋海棠、常春藤等节间常有气生根，可以剪取有节间的带叶茎段作插穗。木质化程度高的植物可以用硬枝或嫩枝作插穗。还有些植物可以用根作插穗诱导不定芽和不定根。以嫩枝扦插为例，插穗的制作方法是：选取枝条中部饱满部分，剪成 6～8cm 的小段，顶端为平切口，下端为 45°斜切口。每一小段带 2～3 片叶，较大的叶可剪去 1/3～1/2（彩图 4-7）。

（4）扦插方法与影响因素

① 扦插方法　嫩枝扦插或常绿果树扦插，插入基质的深度为插穗自身长度的1/3～1/2，插穗与地平面的夹角为 45°。硬枝扦插时，顶芽与地平面持平，或稍高或稍低于地平面（图 4-7）。

② 影响扦插生根的因素

a. 光照　叶插和软枝扦插带有叶片和芽，在光下可进行光合作用，制造营养物质，并产生生长素，促进生根，因此地上

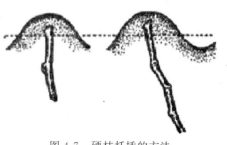

图 4-7　硬枝扦插的方法

部保持一定的光照条件非常必要。此外，光照还可以提高基质的温度，有利于生根。但是，扦插后 2～3d 内应适当遮阳，夏季强光下更需遮阳，防止基质水分蒸发和插条蒸腾过剧，使插条保持水分平衡，否则影响成活。但光照对根系的发生有抑制作用，因此，必须使枝条基部埋于基质中避光，才可刺激生根。

b. 温度　不同作物要求的扦插生根气温不同，多数为 15～25℃，热带物种较高，耐寒性植物和硬枝扦插时气温可略低一些。气温高于 35℃ 时最好不要扦插。基质温度高于气温 3～5℃ 可抑制地上部分生长，促进根的发生。保持一定的昼夜温差利于生根，对许多作物来说，昼间 21～26℃，夜间 15～21℃ 较为适宜。

c.湿度　插穗只有在湿润的基质中才能生根，基质适宜含水量因作物种类而异，有些花木可直接插入水中生根，如夹竹桃、橡皮树、彩叶草、月季等，有些则必须在相对湿度80%以上、通气良好的基质中才能生根，如杜鹃花、一品红、葡萄等。通常，扦插后要浇足水，最好采用喷雾法，然后在扦插床上覆盖塑料薄膜，1周内应保持较高的空气湿度，尤其对于嫩枝扦插，以80%～90%为宜，生根后逐渐降低到60%左右。

d.氧气　愈伤组织及新根发生时，植株呼吸作用旺盛，因此要求扦插基质具有良好的供氧条件。基质中水分、温度、氧气三者是相互依存、相互制约的。基质中水分多，会引起基质温度降低，并挤出里面的空气，造成缺氧，不利于插条愈合生根，也易导致插条腐烂。理想的扦插基质是既能保湿又能通气良好。多数植物插条生根需要基质保持15%以上的氧气含量且具适当水分。

4.2.3　嫁接育苗

嫁接育苗是防治蔬菜土传病害的有效措施，国外已应用了多年，我国近二十几年在瓜类作物上也已广泛采用，收到了良好的效果。保护地的番茄、茄子进行嫁接，对防治半身枯萎病和青枯病作用显著。

(1) 嫁接育苗的含义和优点

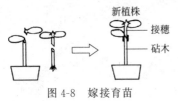

图 4-8　嫁接育苗

① 含义　把一种植物的芽或枝条（接穗），采用一定的方法转接到另一种植物的适当部位（砧木）上，使之成为新植株的技术称为嫁接。利用这一技术培育而成的蔬菜幼苗叫嫁接苗（图 4-8）。

② 优点　嫁接育苗的优点主要有：防止土传病害；增强抗逆性；促进对养分的吸收；提高产量和品质。

(2) 砧木的选择　选用抗寒性、抗枯萎病力强、根系发达的品种，如黑籽南瓜、壮士南瓜、勇士西瓜、新土佐南瓜、葫芦等作为瓜类的砧木。选用托鲁巴姆、赤茄、刺茄等作为茄子的砧木。

(3) 砧木和接穗的培育

① 瓜类

a.劈接法　砧木（黑籽南瓜）比黄瓜早播种一周左右，黄瓜长出第一片真叶，南瓜第一片真叶长到 5.0mm 大小为嫁接适期。

b.舌接法　一般黄瓜播种 5～7d 后，再播种砧木南瓜。在黄瓜播后 10～12d，即可嫁接。嫁接适宜形态为黄瓜的第一片真叶开始展开，南瓜子叶完全展开。

c.插接法　通常砧木南瓜提前 2～3d 或同期播种，黄瓜播种 7～8d 后，就可嫁接。嫁接适宜形态为黄瓜苗子叶展平、南瓜苗第一片真叶长 1.0cm 左右。

② 茄果类 托鲁巴姆较接穗提前 25～35d 播种育苗，刺茄提前 20～25d 播种育苗，赤茄提前 7d 即可。

（4）嫁接方法 常见的有劈接法、舌接法和插接法等。

① 劈接法 先用刀片挑去砧木的生长点，从两片子叶中间向下切一刀，深 1.2cm。再拔起接穗苗，在距子叶下 1.0～2.0cm 处，削一双斜面，斜面长 0.8～1.0cm，然后将接穗切面与砧木切口的一面对齐，再用嫁接夹固定（图 4-9）。

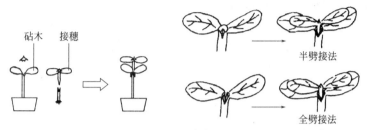

图 4-9 劈接法

② 舌接法 将砧木的生长点去除，在子叶下 0.5～1.0cm 处以 25°～30°角向下斜削一刀，刀口长度不超过 1.0cm。深度达下胚轴的 1/2。再在接穗苗距子叶下 1.3～1.5cm 处以 45°角向上斜削一刀，深度达下胚轴的 2/3，然后将两者嵌合好，用嫁接夹固定（图 4-10）。

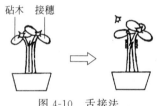

图 4-10 舌接法

③ 插接法 先剔除砧木的生长点，只留两片子叶，用细竹签沿一侧子叶基部，向下斜插一孔，深 0.6～0.7cm。然后将接穗苗在子叶下 0.8～1.0cm 处斜削一刀，斜面长 0.6～0.8，再在刀口的反面斜削一刀，使之形成双楔形，插入小孔即可（图 4-11）。

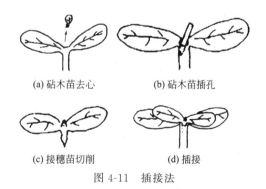

(a) 砧木苗去心　　　　(b) 砧木苗插孔

(c) 接穗苗切削　　　　(d) 插接

图 4-11 插接法

（5）嫁接后的管理 嫁接苗床面积要充足，每亩地所需移栽嫁接苗的苗床为 50m²，床内苗距 10cm。栽植后及时扣小棚，增温保湿。

① 温度　嫁接后应及时扣小拱棚，增温保湿。头 8～10d 内温度白天控制在 25～28℃，夜间保持在 17～20℃。

② 湿度　嫁接后 3～5d 内不通风，拱棚内相对湿度控制在 85%～95%。以后适量通风降湿。

③ 光照　嫁接后头 3d 内，要用遮阳网将苗床遮成花荫。从第四天开始，每天的早晚可让苗床接受短时间的直射光，并随着嫁接苗的成活生长，逐渐延长光照时间。嫁接苗完全成活后，应撤掉遮阳物。

④ 断根　靠接法嫁接苗在接后的第 9～10d，当其完全成活后，选阴天或晴天傍晚，用刀片在嫁接部位下将接穗苗的下胚轴切两刀，使其断开，让接穗苗与砧木苗相互依存生长。

4.3　无土育苗的管理

4.3.1　营养液管理

育苗营养液可根据具体作物种类确定，常用配方有日本园试配方和山崎配方，使用标准浓度的 1/3～1/2 剂量，也可使用育苗专用配方（前文已述及）。

据试验，供液早晚对幼苗生长有明显影响，从幼苗出土时开始供液和子叶展平期或第一片真叶期开始供液比较，其生长量显著增加。这说明，幼苗出土后，在异养生长向自养生长的过渡阶段，适当提前供液是必要的。一般在幼苗出土进入绿化室后即开始浇灌或喷施营养液，每天 1 次或两天 1 次。浇灌供液时必须注意防止育苗容器内积液过多，每次供液后在苗床的底部保留 0.5～1.0cm 深的液层。夏季育苗，供液次数要适当增加，而且苗床要经常喷水保湿。不同作物秧苗对营养液浓度要求不同，同一作物在不同生育时期也不一样。总体说来，幼龄苗的营养液浓度应稍低一些，随着秧苗生长，浓度逐渐提高。

供液与供水相结合，采用浇 1～2 次营养液后浇 1 次清水的办法，可以避免因基质内盐分积累过多而抑制幼苗生育。工厂化育苗，面积大的可采用双臂悬挂式行走喷水喷肥车，来回移动和喷液，也可采用轨道式行走喷水喷肥车。夏天高温季节，每天喷水 2～3 次，每隔一天施肥 1 次。冬季气温低，每 2～3d 喷 1 次，喷水和施肥交替进行。

可采用从底部供液的方式。把水或营养液蓄在育苗床内，保持营养液厚度在 2.0cm 左右，通过营养液循环流动增加氧气含量。冬季育苗需要加温时，先在底部铺一层稻草或聚苯乙烯泡沫板作为隔热层，上面再覆 2.0cm 厚的沙层，在沙层中布设电热线，功率密度为 70～80W/m^2，最后在其上填装育苗基质。

4.3.2　环境调控

以播种育苗为例。培育壮苗是育苗的目的，为此，要创造适宜作物育苗的环境条件，这样才能达到预期的效果。无土育苗与土壤育苗一样，必须严格控制光、温、水、气等环境因素。

(1) 温度　温度是影响幼苗素质最重要的因素。温度高低以及适宜与否，不仅直接影响到种子发芽和幼苗生长的速度，而且也左右着秧苗的发育进程。温度太低，秧苗生长发育延迟，生长势弱，容易产生弱苗或僵化苗，极端条件下还会造成冷害或冻害。温度太高，易形成徒长苗。

基质温度影响根系生长和根毛发生，从而影响幼苗对水分、养分的吸收。在适宜温度范围内，根的伸长速度随温度的升高而增加，但超过该范围后，尽管其伸长速度加快，但是根系细弱，寿命缩短。

保持一定的昼夜温差对培育壮苗至关重要，低夜温是控制幼苗节间过分伸长的有效措施，夜间温度应比白天低 8～10℃，以促进光合产物的运转，减少呼吸消耗。不同作物种类、不同生育阶段对温度的要求不同。总体来说，整个育苗期播种后、出苗前，移栽后、缓苗前温度应高。出苗后、缓苗后和炼苗阶段温度应低。前期的气温高，中期以后温度渐低，定植前 7～10d，进行低温锻炼，以增强幼苗对定植以后环境条件的适应性。

一般情况下，喜温性的茄果类、豆类和瓜类蔬菜最适宜的发芽温度为 25～30℃。较耐寒的白菜类、根菜类蔬菜，最适宜的发芽温度为 15～25℃。出苗至子叶展平前后，胚轴对温度的反应敏感，尤其是夜温过高时极易徒长，因此需要降低温度，茄果类、瓜类蔬菜白天控制在 20～25℃，夜间 12～16℃，喜冷凉蔬菜稍低。真叶展开以后，保持喜温果菜类蔬菜白天气温 25～28℃，夜间 13～18℃。耐寒半耐寒蔬菜白天 18～22℃，夜间 8～12℃。需分苗的蔬菜，分苗之前 2～3d 适当降低苗床温度，保持在适温的下限，分苗后尽量提高温度。成苗期间，喜温果菜类白天 23～30℃，夜间 12～18℃。喜冷凉蔬菜温度比喜温类蔬菜低 3～5℃。

部分蔬菜、瓜果育苗的适宜温度见表 4-6。

表 4-6　部分蔬菜、瓜果育苗的适宜温度

作物种类	适宜气温/℃		适宜基质温度/℃
	昼温	夜温	
番茄	20～25	12～16	20～23
茄子	23～28	16～20	23～25
辣椒	23～28	17～20	23～25
黄瓜	22～28	15～18	20～25
南瓜	23～30	18～20	20～25

作物种类	适宜气温/℃		适宜基质温度/℃
	昼温	夜温	
西瓜	25～30	20	23～25
甜瓜	25～30	20	23～25
菜豆	18～26	13～18	18～23
白菜	15～22	8～15	15～18
甘蓝	15～22	8～15	15～18
草莓	15～22	8～15	15～18
莴苣	15～22	8～15	15～18
芹菜	15～22	8～15	15～18

严冬季节育苗，温度明显偏低，应采取各种措施提高温度。电热温床最能有效地提高和控制基质温度。当充分利用了太阳能和保温措施仍不能将气温升高到秧苗生育的适宜温度时，应该利用加温设备提高气温。燃煤火炉加温成本虽低，管理也简单，但热效率低，污染严重。供暖锅炉清洁干净，容易控制，主要有煤炉和油炉两种，采暖分热水循环和蒸汽循环两种形式。热风炉也是常用的加温设备，以煤、煤油或液化石油气为燃料，首先将空气加热，然后通过鼓风机送入温室内部。此外，还可利用地热、太阳能和工厂余热加温。

夏季育苗温度高，育苗设施需要降温。当外界气温较低时，主要的降温措施是自然通风。另外还有强制通风降温；遮阳网、无纺布、竹帘外遮阳降温；湿帘风机降温；透明覆盖物表面喷淋、涂白降温；室内喷水喷雾降温等。试验证明，湿帘风机降温系统可降低室温 5～6℃。喷雾降温只适用于耐高空气湿度的蔬菜或花卉作物。

（2）光照 光照对于蔬菜、花卉种子的发芽并非都是必需的，如莴苣、苦苣菜、芹菜、报春花等需要在一定的光照条件下才能萌发，而韭菜、洋葱、雁来红等在光下却发芽不良。

秧苗干物质的 90%～95% 来自光合作用，而光合作用的强弱主要受光照条件的制约。而且，光照强度也直接影响环境温度和叶温。苗期管理的中心是设法提高光能利用率，尤其在冬春季节育苗，光照时间短，强度弱，应采取各种措施改善秧苗受光条件，这是育成壮苗的重要前提之一。

育苗期间如果光照不足，可人工补光，或作为光合作用的能源，或用来抑制、促进花芽分化，调节花期。补光的光源有很多，需要根据补光的目的来选择。从降低育苗成本的角度考虑，一般选用荧光灯。补充照明的功率密度因光源的种类而异，一般为 $50～150W/m^2$。

（3）水分 水分是幼苗生长发育不可缺少的条件，在幼苗的组织器官中，水分约占其总重量的 85% 以上。育苗期间，控制适宜的水分是增加幼苗物质积累，培育壮苗的有效途径。基质中水分含量与通气是相反的关系，含水量过多，根系通气就会受到影响。水分不足，根系也容易因干旱而受害。基质湿度还与基质温度具有直接的联系，苗床水分过多，基质空气含量减少，温度下降，幼苗根系生理机能减弱。此时若配合较高的温度和较低的光照，幼苗极易徒长。若配合较低的温度和较弱的光照，则易发生苗期病害，或直接导致沤根。基质水分过少，幼苗的生长则会受到抑制，长时间缺水易形成"僵化苗"。

适于各种秧苗生长的基质相对湿度一般为 60%～80%。播种之后出苗之前应保持较高的基质湿度，以 80%～90% 为宜。定植之前 7～10d，适当控制水分。苗床水分与空气湿度相互影响。育苗场所内空气湿度过高，幼苗的蒸腾作用减少，将会影响幼苗的生理代谢，抑制幼苗正常生长发育，且易发生病害。空气湿度过低，幼苗蒸腾旺盛，叶片常因失水过多而萎蔫。作物苗期适宜的空气湿度一般为白天 60%～80%，夜间 90% 左右。出苗之前和分苗初期的空气湿度应适当提高。蔬菜幼苗不同生育阶段基质适宜水分含量见表 4-7。

表 4-7 幼苗不同生育阶段基质适宜水分含量（相当于最大持水量的百分比）

单位：%

蔬菜种类	播种至出苗	子叶展开至 2 叶 1 心	3 叶 1 心至成苗
茄子	85～90	70～75	65～70
甜椒	85～90	70～75	65～70
番茄	75～85	65～70	60～65
黄瓜	85～90	75～80	75
芹菜	85～90	75～80	70～75
生菜	85～90	75～80	70～75
甘蓝	75～85	70～75	55～60

工厂化育苗需配备喷雾装置，实现浇水的机械化、自动化操作。苗床浇营养液或水时应选择晴天上午进行，低温季节育苗，水或营养液最好经过加温。降低苗床湿度的措施主要有合理灌溉、通风、提高温度等。

（4）气体 在育苗过程中，对秧苗生长发育影响较大的气体主要是 CO_2 和 O_2。温室内 CO_2 浓度在早晨日出之前最高，日出后随光温条件的改善，植物光合作用不断增强，CO_2 浓度迅速降低，甚至低于外界水平呈现亏缺。冬春季节育苗，由于外界气温低，通风少或不通风，室内 CO_2 含量更显不足，限制幼苗的光合作用和正常生育。苗期 CO_2 施肥是现代育苗技术的特点之一，无土育苗更为重要。试验表明：冬季每天上午 CO_2 施肥 3h 可显著促进幼苗的生长，有利于培育壮苗。而且，苗期 CO_2 施肥还可提高作物的前期产量和总产量。

基质中 O_2 含量对幼苗生长同样重要。O_2 充足，根系才能发生大量根毛，形成强大的根系。O_2 不足则会造成根系缺氧窒息，地上部萎蔫，停止生长。基质的总孔限度以 60% 左右为宜。

关键技术 4-1　无土育苗技术

1.1　技能训练目标

① 熟悉无土育苗的设施与方法，熟练掌握播种育苗的操作步骤。

② 理解扦插育苗的种类和影响因素。

③ 比较无土育苗与土壤育苗的差异，认识无土育苗的优点。

1.2　材料与用具

1.2.1　材料

莴苣、番茄种子（各 3g）；沙子、蛭石、珍珠岩、草炭、岩棉适量；配制华南农业大学叶菜类和果菜类营养液配方所需的农用或工业用化肥；0.3%～0.5% 的次氯酸钠（次氯酸钙）溶液 4L；3%～5% 的磷酸三钠溶液 4L；0.1% 的升汞溶液 1L。

1.2.2　用具

托盘天平；杆秤；塑料盆或塑料桶；喷壶；pH 试纸；塑料标签；育苗穴盘（每盘 105 穴）4 只；塑料育苗钵（8cm×10cm）100 只；镊子 6 把。

1.3　方法与步骤（以播种育苗为例）

1.3.1　选种

选择饱满、整齐、无病虫害的种子，备用。

1.3.2　消毒

用 3%～5% 磷酸三钠溶液给工具和手消毒。

1.3.3　基质组配、装盘

将珍珠岩和蛭石按 1∶3 的比例混合均匀后，用 0.3%～0.5% 的次氯酸钠溶液浸泡 30min，然后用清水冲洗几次，装入育苗穴盘（距盘沿 0.5cm）。

1.3.4　种子消毒

将选好的种子用 0.1% 的升汞溶液消毒 5min 左右，再用清水冲洗 3～5 次以除去残毒。

1.3.5　播种、催芽

持镊子将种子小心地放入穴盘内的基质中，每穴 1～2 粒，播完后撒上一层用珍珠岩和蛭石配制而成的复合基质，刮平稍压后，浇透水。再覆盖一层塑料薄膜，保温保湿。最后将穴盘重叠移入催芽室内催芽，温度控制在 25℃左右。

1.3.6　苗期管理

出苗后移到温室，及时见光绿化。注意中午通风降温和遮光，并防止蒸发过大，夜间注意保温，必要时可搭盖小拱棚。当第1片真叶展开时，移入预先装好岩棉、草炭、沙子、珍珠岩和蛭石等单一基质的育苗钵中，以免幼苗互相影响。移入育苗钵后，随着幼苗的长大，应及时拉大钵的间距。当达到不同作物要求的生理苗龄或日历苗龄及育苗规格后，即可准备定植。

1.3.7 营养液管理

种子发芽前，不浇营养液，只浇清水。幼苗出土后和分苗初期可浇灌 1/3 剂量的营养液，中期和后期浇灌 1/2 剂量的营养液，每隔 1～2d 浇 1 次。夏季高温季节每天可酌情浇 1～2 次清水，以防基质过干。

1.4 技能要求

① 种子、基质、穴盘等在使用前进行消毒。

② 播种时根据种子大小确定播种深度。

③ 苗期营养液管理和环境调控技术要到位。

1.5 技能考核与思考题

1.5.1 技能考核

种子消毒方法；播种技术；苗期管理技术；幼苗素质考察。

1.5.2 思考题

① 为什么采用不同基质育成的幼苗质量有差异？

② 分析播种育苗中可能出现的不正常现象。

第5章

固体基质培技术

固体基质是无土栽培的基础，即使采用水培生产，育苗期间和定植时也常用少量基质来锚定作物。利用固体基质作为介质建造而成的基质栽培设施，其结构相对简单、投资较少、管理容易、基质性能较稳定，并有良好的实用价值和经济效益，因此发展迅速，已成为无土栽培的一大类型。

5.1 固体基质

无土栽培用固体基质取代传统的土壤锚定植物的根系，为植物提供水分、营养和气体。基质作用的好坏，来源于其理化性质的优劣。各种类型的固体基质栽培，都需要首先选择合适的基质，因此了解常用基质的主要理化性质，学会其测定方法，是无土栽培生产当中必须熟悉的技术环节。

5.1.1 固体基质的作用和性质

(1) 固体基质的作用

① 固定植物 这是固体基质的主要作用，用基质锚定植物的根系，能使植物保持直立，增强稳定性和抗倒伏能力。

② 保水作用 固体基质都具有一定的保水能力，如珍珠岩能够吸收相当于本身重量 3~4 倍的水分，草炭则可以吸收相当于本身重量 10 倍以上的水分。基质具有一定的保水性，可以防止供液间歇期或突然断电时，植物吸收不到水分和营养，干枯死亡。

③ 通气作用 固体基质中有大大小小的孔隙，大孔隙（直径＞0.1mm）可存空气，小孔隙（0.001mm＜直径＜0.1mm）可存水分。要求固体基质既具有一定

量的大孔隙，又具有一定量的小孔隙，两者比例要适当，可以同时满足植物根系对水分和氧气的双重需求，以利于根系生长发育。

④ 缓冲作用　缓冲作用是指当外来的或者植物根系本身分泌的有害物质危害到植物根系时，固体基质能够将这种危害降低到最低程度的能力。植物性基质如草炭、木屑等都有缓冲作用，这类基质也称为活性基质。而矿物性基质如河沙、石砾、岩棉等一般不具有缓冲能力，也称为惰性基质。

⑤ 提供部分营养　草炭、木屑、树皮等有机固体基质能为植物苗期或生长期生长提供一定量的养分，但通常不能满足植物整个生育期的需求。

（2）固体基质的性质　固体基质的上述作用，归根结底是由基质的理化性质决定的。

① 物理性质　固体基质的质量首先是由基质的物理性质决定的。反映基质物理性质的主要指标有容重、总孔隙度、气水比和粒径（颗粒大小）等。

a. 容重　容重是指单位体积内干基质的重量，一般用 g/L 或 g/cm^3 表示。

基质的容重与基质粒径和总孔隙度有关，其大小反映了基质的松紧程度和持水透气能力。容重过大，说明基质过于紧实，不够疏松，虽然持水性较好，但通气性较差。容重过小，说明基质过于疏松，虽然通气性较好，但持水性较差，固定植物的效果也不良，植物易倒伏。

不同基质的容重差异很大，同一种基质由于压实程度、粒径大小不同，容重也存在差异。基质容重在 $0.1\sim0.8g/cm^3$ 范围内栽培植物的效果较好。

b. 总孔隙度　是指基质中通气孔隙（大孔隙）与持水孔隙（持水孔隙）的总和，以其体积占基质总体积的百分率来表示。总孔隙度大（如岩棉、蛭石的总孔隙度都在95%以上），说明基质较轻、疏松，容纳空气和水的量大，有利于根系生长，但固定植物的效果较差；反之，则基质较重、紧实，水分和空气的容纳量小，不利于根系扩展，须增加供液次数。可见，基质的总孔隙度过大或过小均不利于植物正常的生长发育。生产上常将粒径不同的基质混合使用，以改善其总孔隙度。基质的总孔隙度通常要求在54%～96%之间。

c. 气水比　气水比，即大小孔隙比，是指在一定时间内，基质中容纳空气和水分的比值，通常用通气孔隙与持水孔隙之比表示。大孔隙主要容纳空气，称为通气孔隙。小孔隙主要贮存水分，称为持水孔隙。大小孔隙比能够反映出基质中气、水的容纳状况，是衡量基质优劣的重要指标之一。总孔隙度只能反映基质中容纳空气和水分的总和，不能分别反映出空气和水分的容纳量，但与基质的气水比合在一起则可以详细反映出基质中空气和水各自的容纳量。一般来说，基质的气水比应保持在（1∶2.5）～（1∶4）为宜。

d. 粒径（颗粒大小）　粒径是指基质颗粒的直径大小，用毫米（mm）表示。基质的颗粒大小一般分为五级：小于 1.0mm 的为一级，大于 1.0mm 小于 5.0mm 的为二级，大于 5.0mm 小于 10mm 的为三级，大于 10mm 小于 20mm 的为四级，大于 20mm 小于 50mm 的为五级。基质的粒径直接影响到基质的容重、总孔隙度和气水比。同一种基质粒径越大，则容重越小，总孔隙度越大，气水比越大，通气性较好，但持水性较差；反之，同一种基质粒径越小，则容重越大，总孔隙度越小，气水比越小，持水性较好，但通气性较差，容易造成基质内通气不良。因此，在选用基质时，要选择粒径大小合适的材料。

② 化学性质　基质的化学性质主要有化学稳定性、酸碱性、阳离子代换量、缓冲能力和电导率等。了解基质的化学性质及其作用，有助于在选择、组配基质和配制、管理营养液的过程中增强针对性，提高栽培效果。

a. 化学稳定性　化学稳定性是指基质本身发生化学变化的难易程度。不同的基质化学稳定性不同，一般来说，主要由无机物质构成的基质，如河沙、石砾等，化学稳定性较强。而主要由有机物质构成的基质，如木屑、稻壳等，化学稳定性较差。但有机基质草炭的性质较为稳定，使用起来也比较安全。

容易发生化学变化的基质，变化后可能会产生一些有害物质，既伤害植物根系，又破坏营养液原有的化学平衡，影响根系对各种养分的有效吸收。因此，无土栽培中最好选用化学稳定性较强的材料作为基质。

b. 酸碱性　基质本身有一定的酸碱性，有的呈酸性，有的呈碱性，也有的为中性。过酸或过碱的基质，都会影响到营养液的酸碱度，严重时会破坏营养液的化学平衡，阻碍植物对养分的吸收。所以，在选用基质之前，应对其酸碱性有一个大致的了解，以便采取相应的措施加以调节。

基质最适的酸碱性为 pH6.5～7.0。

c. 阳离子代换量　阳离子代换量是指基质代换吸收营养液中阳离子的能力，通常以每 100g 干基质代换吸收营养液中阳离子的物质的量来表示。并非所有的固体基质都有阳离子代换量，植物性基质，如木屑、草炭、食用菌废料等一般都具有阳离子代换量，而矿物性基质，如珍珠岩、岩棉、沙子等通常没有阳离子代换量或极低（蛭石除外，表 5-1）。基质具有阳离子代换量其害处是会干扰营养液的平衡，使人们难以准确监测和调控营养液的组分。有利的一面是它能暂时贮存营养、减少养分损失和对营养液的酸碱反应有缓冲作用，在供液间歇期也不影响植物根系对养分的吸收。

表 5-1　几种固体基质的阳离子代换量

基质种类	阳离子代换量/(mmol/100g)	基质种类	阳离子代换量/(mmol/100g)
高位草炭	140～160	沙、砾、岩棉	0.1～1.0
中位草炭	70～80	树皮	70～80
蛭石	100～150		

基质适宜的阳离子代换量要求为 10～100mmol/100g。

d. 缓冲能力　其含义如前所述。一般来说，阳离子代换量大的基质，其缓冲能力也大。阳离子代换量小的基质，其缓冲能力也小。

e. EC 值　　EC 值是指基质未加营养液之前，本身具有的总盐分含量。基质中可溶性盐分的含量，将直接影响到营养液的平衡。基质中可溶性盐含量不宜超过 1g/kg，最好小于 0.5g/kg。使用新基质之前应对其 EC 值进行测定，以便用淡水淋洗或作其他适当处理，从而调节盐分含量。

5.1.2　固体基质的种类及其特性

(1) 固体基质的种类　从基质的来源可划分为天然基质（如沙子、石砾等）与合成基质（如珍珠岩、岩棉等）；从基质的化学组成可划分为无机基质（如沙子、蛭石、石砾、岩棉、珍珠岩等）和有机基质（如草炭、木屑、树皮等）；从基质的组合可划分为单一基质与复合基质。

(2) 常用基质的特性

① 岩棉　　岩棉是人工合成的无机基质。荷兰于 1970 年首次将其应用于无土栽培，目前在全世界广泛使用的岩棉商品名为格罗丹（Groden）。成型的大块岩棉可切割成小的育苗块或定植块，还可以将岩棉制成颗粒状（俗称粒棉）。由于岩棉使用简单、方便，造价低廉且性能优良，因此岩棉培被世界各国广泛采用，在无土栽培中，面积居第一位。

岩棉的理化性质如下：

a. 化学性质稳定　　岩棉是由辉绿石、石灰石和焦炭组成的矿物质，经高温熔化之后加工而成的一种惰性基质。新岩棉的 pH 较高，一般为 7～8，使用前需用清水漂洗，或加入少量酸，经调整后的岩棉 pH 比较稳定。

b. 物理性状优良　　岩棉质地较轻，不腐烂分解。容重一般为 0.06～0.11g/cm³，总孔隙度大，高达 96%～100%，透气性好，吸水力强，可吸收相当于自身重量 13～15 倍的水分。

c. 无阳离子代换量

d. 无菌　　新鲜岩棉是经高温加工而成的，不会携带任何病原菌，pH 经调整后可直接使用。

② 珍珠岩　　珍珠岩是由含硅矿物质在 1200℃ 下燃烧膨胀而成的。白色、质轻，呈颗粒状，粒径为 1.5～4.0mm。容重为 0.03～0.16g/cm³，总孔隙度为 60.3%，气水比为 1∶1.04，可容纳自身重量 3～4 倍的水分，易于排水和通气。化学性质比较稳定，pH 为 7～7.2，无阳离子代换量，无缓冲能力，不易分解，但遭受碰撞时易破碎。

珍珠岩可以单独使用，但由于质轻粉尘污染较大，且浇水过多易漂浮，不利于固定根系，因而生产上多与其他基质混合使用。

③ 蛭石　　蛭石是由云母类矿物质加热至 800～1100℃ 时形成的片状物质。容重

为 0.07～0.25g/cm³，总孔隙度为 95%，气水比为 1：2.17，具有良好的透气性和持水性。电导率为 0.36mS/cm，碳氮比低，阳离子代换量较高，具有较强的保肥力和缓冲能力。蛭石中含较多的钙、镁、钾、铁，可被作物吸收利用。因产地、组成不同，可呈中性或微碱性。当与酸性基质（如草炭）混合使用时不会发生问题，单独使用时如 pH 太高，需加入少量酸调整。无土栽培用蛭石粒径一般在 3.0mm 以上，用于育苗的蛭石可稍小些（直径 0.75～1.0mm）。使用新蛭石时，不必消毒。其缺点是易碎，因此，在运输、种植过程中不能受重压，不宜用作长期盆栽植物的基质。一般使用 1～2 次后，可以作为肥料施于大田中。

④ 草炭　草炭又称泥炭，来自泥炭藓、苔藓和其他水生植物的分解残留物，是迄今为止世界上公认最好的无土栽培基质之一，尤其是现代大规模工厂化育苗，大多是以草炭为主要基质。容重为 0.2～0.6g/cm³，总孔隙度为 77%～84%，电导率为 1.1mS/cm，阳离子代换量中等或高。草炭几乎在世界所有国家都有分布，但分布很不均匀，北方多，南方少。我国北方出产的草炭质量较好。

草炭呈微酸性或酸性，pH 为 5.5～6.5。富含有机质，有机质含量通常在 40.2%～68.5% 之间。它的持水、保水力强，但由于质地细腻，容重小，透气性差，因此一般不单独使用，常与木屑、蛭石等基质混合使用，可提高其利用效果。

⑤ 沙　沙来源广泛，价格便宜。无土栽培要求所用沙是淡水沙，来源于河流、海、湖的岸边以及沙漠等地。

由于来源不同，沙的组成成分差异很大，一般含二氧化硅在 50% 以上。沙没有阳离子代换量，容重为 1.5～1.8g/cm³，总孔隙度为 30.5%，气水比为 1：0.03。沙的粒径大小配合应适当，太粗易导致基质持水不良，植株易缺水，太细则易在沙中滞水。较为理想的沙子粒径大小组成应为：＞4.7mm 的占 1%，2.4～4.7mm 的占 10%，1.2～2.4mm 的占 26%，0.6～1.2mm 的占 20%，0.3～0.6mm 的占 25%，0.1～0.3mm 的占 15%，0.07～0.1mm 的占 2%，＜0.07mm 的占 1%。使用时以选择粒径大小为 0.5～3.0mm 的沙子较好。

现在，沙漠、沿海地带仍有一些用沙作为基质的生产设施。例如，在美国伊利诺伊州的厄巴纳、中东地区等还有使用。其主要优点是沙来源容易，价格低廉，作物生长良好，但由于沙的容重大，给搬运、消毒等管理上带来不便。

⑥ 木屑　木屑是木材加工的下脚料。各种树木的木屑成分差异很大，某种木屑的化学成分为：含碳 48%～54%、戊聚糖 14%、纤维 44%～45%、木质素 16%～22%、树脂 1%～7%、灰分 0.4%～2.0%、氮 0.18%，pH 为 4.2～6.0。木屑的许多性质与树皮相似，但通常木屑的树脂、鞣质和松节油等有害物质含量较高，而且 C/N 值也很高，因此木屑在使用前一定要堆沤，堆沤时可加入较多的氮素，堆沤时间需较长（至少 3 个月以上）。

木屑作为无土栽培基质，在使用过程中结构良好，一般可连续使用 2～6 茬，每茬使用后应进行消毒。作基质的木屑不宜太细，直径小于 3.0mm 的木屑所占比例不应超过 10%，一般应有 80% 的木屑直径在 3.0~7.0mm 之间。

⑦ 炉渣　炉渣为烧煤后的残渣，工矿企业的锅炉、食堂以及北方地区居民的取暖等，都有大量炉渣。炉渣容重为 $0.70g/cm^3$，总孔隙度为 55.0%，其中通气孔隙占 22.0%，持水孔隙占 33.0%。炉渣含氮 0.183%、速效磷 23mg/kg、速效钾 203.9mg/kg，pH 为 6.8。炉渣如未受污染，则不带病菌，不易产生病害。炉渣含有较多的微量元素，如与其他基质混用，种植时可以不配微量元素营养液。炉渣容重适中，种植作物时不易倒苗，但使用时必须粉碎，并过 5.0mm 筛，适宜的炉渣基质应有 80% 的颗粒直径在 1.0~5.0mm 之间。

⑧ 菇渣　菇渣是种植草菇、平菇等食用菌后废弃的培养料，可用来作为无土栽培的基质。菇渣取来后加水至含水量约 70%，再堆成一堆，盖上塑料薄膜，堆沤 3~4 个月，取出风干，然后打碎，过 5.0mm 筛，筛去菇渣中粗大的植物残体、石块和棉壳即可使用。菇渣容重为 $0.41g/cm^3$，持水量为 60.8%。菇渣含氮 1.83%、含磷 0.84%、含钾 1.77%。菇渣中含有较多的石灰，pH 为 6.9（未堆沤的更高）。菇渣的氮、磷含量较高，不宜直接作为基质使用，应与草炭、甘蔗渣或沙等基质按一定比例混合使用，混合时菇渣所占的比例不应超过 40%（按体积计）。

⑨ 复合基质　复合基质也叫混合基质，是由两种或两种以上的基质按一定比例配制而成的，基质种类和配比因栽培植物种类的不同而异。我国较少以商品形式出售复合基质，生产上一般根据作物种类和基质原料自行进行配制。配制复合基质时一般用 2~3 种单一基质，制成的基质应该容重适中、孔隙度增加、水分和空气含量高。同时在栽培上要注意根据复合基质的特性，与作物营养液配方相结合，才有可能充分发挥其丰产、优质的潜能。

常用基质的化学性质见表 5-2。

表 5-2　几种常用固体基质的化学性质

基质名称	pH	有无阳离子代换量	化学稳定性	电导率/(mS/cm)	缓冲能力
沙子	6.5~7.8	无	强	0.46	无
炉渣	6.8	有	较强	1.83	较强
木屑	4.2~6.0	有	较差	0.56	强
树皮	4.2~4.5	有	较差		强

5.1.3　固体基质的选配与消毒

无土栽培要求基质不仅能为植物根系创造良好的根际环境，而且也能为改善和提高管理措施提供方便条件，因此，固体基质的选用与组配非常重要。

(1) 固体基质的选用原则

① 具有良好的理化性质　要求基质容重为 $0.5g/cm^3$ 左右，总孔隙度在 60%

以上，气水比为（1：2）～（1：4）。化学稳定性强，酸碱度适中，有毒物质在允许的范围之内。

② 来源广泛，价格低廉　经济效益决定无土栽培发展的规模与速度，基质培技术简单，投资小，但各种基质的价格相差很大。有些基质虽适于作物生长，但来源困难、运输困难或价格较高，因而不宜采用。一般来讲，有机废弃物的价格最低。例如，在我国南方地区草炭贮量少，价格高，而作物秸秆、稻壳、甘蔗渣来源丰富，价格便宜，从经济性的角度考虑，可用这些材料代替草炭。

③ 最好采用复合基质

（2）固体基质的组配　每种基质都有其自身的特点，如有的pH偏高，有的偏低；有的基质富含某种微量元素，有的则根本没有；有的基质分解快，有的则不分解，故单独使用一种基质就存在这样或那样的问题。复合基质由于它们相互之间能够优势互补，使得基质的各个性能指标都比较理想。生产上应根据作物种类和基质特性自行选择和组配复合基质，这样可以降低生产成本。

表5-3是国内外常用的一些复合基质配方，供参考。

表5-3　常用复合基质配方

配方	基质种类	比例	配方	基质种类	比例
1	草炭：珍珠岩：沙	1：1：1	6	草炭：蛭石：珍珠岩	4：3：3
2	草炭：珍珠岩	1：1	7	草炭：蛭石：珍珠岩	2：1：5
3	草炭：沙	1：1	8	草炭：珍珠岩：树皮	1：1：1
4	草炭：沙	1：3	9	木屑：炉渣	1：1
5	草炭：蛭石	1：1	10	草炭：树皮：木屑	2：1：1

（3）固体基质的消毒　许多基质在使用前或长期使用后可能含有一些病菌和虫卵，导致作物发生病虫为害。因此，大部分基质使用之前或在每茬作物收获之后下一次使用前，有必要对其进行消毒，以消灭任何可能存留的病菌和虫卵。基质消毒常用的方法有蒸汽消毒、化学药剂消毒和太阳能消毒三种。

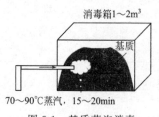

消毒箱1～2m³

基质

70～90℃蒸汽，15～20min

图5-1　基质蒸汽消毒

① 蒸汽消毒　蒸汽消毒安全彻底，但需要专用设备，成本高，操作不便。将基质装入容积为1～2m³的消毒柜（箱）内，通入蒸汽进行密闭消毒。一般在70～90℃条件下，消毒15～20min即可（图5-1）。在进行蒸汽消毒时要注意每次消毒的基质量不可过大，否则处于内部基质中的病菌或虫卵不能被完全杀死。另外，蒸汽消毒时基质含水量要求控制在35%～45%，过湿或过干都可能降低消毒效果。

② 化学药剂消毒　化学药剂消毒是指利用一些对病原菌和虫卵有杀灭作用的化学药剂对基质进行消毒的方法。一般来说，化学药剂消毒操作简便，成本较低，

但效果不如蒸汽消毒好，且可能会对操作人员身体不利或对植物产生药害。常用的化学药剂有甲醛、高锰酸钾、多菌灵和漂白剂等。

a.40％甲醛（福尔马林）　甲醛是良好的杀菌剂，但杀虫效果较差。一般将40％的甲醛原液稀释 50～100 倍，用喷壶将基质均匀喷透，然后用塑料薄膜覆盖密闭 24～48h，使用前揭膜将基质风干 2 周或至少曝晒 2d 以上，直到基质中没有甲醛气味后方可使用，以避免残留药剂为害植物。

b.高锰酸钾　高锰酸钾是强氧化剂，一般用在石砾、粗沙等没有吸附能力，容易用清水冲洗干净的惰性基质上消毒，而不宜用在草炭、木屑、蛭石、陶粒等有较大吸附能力的活性基质上，因为这些基质会吸附高锰酸钾，不易用清水洗净，将来可能会毒害作物，或造成植物锰中毒，出现褐脉叶。操作时，将 0.1％～0.5％ 的高锰酸钾溶液喷洒在固体基质上，并与基质混拌均匀，然后用塑料薄膜封闭基质 20～30min，最后用清水冲洗干净即可（图 5-2）。

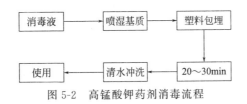

图 5-2　高锰酸钾药剂消毒流程

c.漂白剂（次氯酸钠或次氯酸钙）　适用于石砾、沙子的消毒。方法是在水池中配成 0.3％～1.0％ 的药液（有效氯含量），浸泡基质 30min 以上，然后用清水冲洗基质，以去除残留的氯气。

③ 太阳能消毒　基质蒸汽消毒比较安全，但成本较高。药剂消毒成本较低，但安全性较差，并且会污染周围环境。太阳能消毒是近年来在温室栽培中应用较普遍的一种廉价、安全、简单实用的基质消毒方法。具体操作是：于夏季高温季节，在温室或大棚中把基质堆成 20～25cm 高，长宽视具体情况而定的堆，堆放的同时用清水喷湿基质，使其含水量超过 80％，然后覆盖塑料薄膜，密闭温室或大棚，曝晒 10～15d，消毒效果好（图 5-3）。

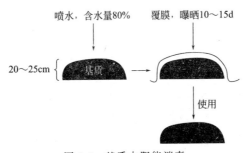

图 5-3　基质太阳能消毒

5.2　基质槽培技术

基质槽培，就是将基质装入一定规格、一定容积的栽培槽中以种植作物的无土栽培方式。

5.2.1　栽培设施

基质槽培的设施主要包括种植槽、栽培基质、滴灌系统和贮液池等。

(1) 种植槽　可在温室内整平夯实的地面上用砖块与水泥砌成永久性种植槽（彩图5-1），或只用砖块垒成临时性种植槽（彩图5-2），也可直接挖出种植槽。槽内径宽为72～96cm，槽深为20～25cm，槽的坡度为1:200，槽长依温室跨度而定。槽间作业道一般宽48cm。为隔绝土壤，填装基质之前，需在槽内衬1～2层塑料薄膜，膜厚约0.1mm。

(2) 栽培基质　常用的栽培基质有蛭石:草炭=1:2、炉渣:沙子:草炭=2:1:2，或珍珠岩:蛭石:草炭=1:1:3等。基质组配好后，即可装槽。在正式使用之前，基质须进行太阳能消毒。

配制后的基质不宜久放，应立即装槽。因为久放后一些有效营养成分会流失，基质的pH和EC值也会发生变化。

(3) 滴灌系统　基质装填好之后，即可布设滴灌软管，组装成滴灌系统。滴灌系统通常是由水泵、供液管道、过滤器、压力表以及阀门等构成。

① 水泵　宜选用抗腐蚀性强的潜水泵、自吸泵，最好是塑料泵。其功率大小根据所需水头压力、出水口的多少以及连接管道的数量而定，或以温室面积来推定。一般在1000～2000m² 的温室中，可选用1台直径25～50mm、功率为1.5kW的自吸泵。如果是400m² 的温室或大棚，选用1台功率为550W的水泵即可。水泵功率太大会使贮液池中的营养液很快抽干，如营养液回流不及时会从种植槽边外溢。如果功率太小，则供液时间会延长。长期进行无土栽培时，要经常检查水泵是否被堵塞，以及被腐蚀程度，必要时应及时更换新的，否则会影响水泵的功效。

② 供液管道　供液管道将贮液池中的营养液输送到各种植槽，以满足作物的营养需求。供液管道一般分为供液主管、供液支管和滴灌软管等。

供液管道通常为塑料制品，以节省资金和防腐蚀，管径大小不一，材质主要有聚氯乙烯（PVC）和氯乙烯（PE）两种。PVC管硬，耐压，需用塑料胶粘接。PE管较软，较耐压，一般通过外锁式与PE管件相连。供液主管、供液支管一般选用直径为25～40mm的PVC或PE管。滴灌软管为黑色聚乙烯塑料管，直径为1.2～1.7cm，是滴灌系统最末的一级管道，平铺于种植槽内基质表面上。内径宽72～96cm的种植槽，可布设2～3条滴灌软管（彩图5-3）。

③ 过滤器　无土栽培用过滤器主要有筛网式过滤器和叠片式过滤器两种类型。根据供液管道首部与之相连的管径大小，选用不同规格的过滤器，一般选用口径在2.5～4.0cm之间的。相对而言，叠片式过滤器较筛网式过滤器过滤效果好，使用寿命也长。

（4）贮液池　贮液池的容积，要根据栽培作物的栽培面积、栽培种类来确定。一般每亩的栽培面积需要建造一个能盛装20～25t营养液的贮液池。

池底及四周由混凝土水泥砂浆砖砌而成，用高标号耐腐蚀水泥砂浆抹面，并在贮水池内壁涂抹防水材料，以防止营养液渗漏。池口要高出地面15～20cm，并加以覆盖，避免混入杂物。

5.2.2　栽培管理技术要点

以迷你黄瓜基质槽培为例，其管理要点介绍如下：

（1）育苗和定植　可采用塑料穴盘或塑料钵育苗，育苗基质为草炭和蛭石组配而成的复合基质（彩图5-4～彩图5-7）。也可用岩棉小块育苗。冬季和早春日历苗龄一般为一个半月左右，夏季苗龄一般为20～30d。

当黄瓜幼苗具3～4片叶时即可定植，株行距一般为（35～40）cm×70cm（彩图5-8、彩图5-9）。

（2）定植后管理

① 营养液管理

a. 配方　采用日本山崎黄瓜营养液配方。

b. 供液次数　定植后3～5d内只供清水，2次/d。缓苗后，改供营养液，3次/d，3～8min/次，每天单株占液量为0.5～1.5L，最多为2L。

c. pH　5.6～6.2之间。

d. 浓度调整　开花后，营养液的浓度应提高至标准配方的1.2～1.5个剂量。坐瓜后，再增加至2.0个剂量。结瓜盛期，可继续提高至2.5个剂量。

② 温、湿度调控

a. 温度　气温：昼22～27℃，夜15～18℃。基质温度：20～25℃。

b. 湿度　基质湿度：70%～90%。空气湿度：80%。

③ 植株调整　采用绳子吊蔓单蔓整枝的方式，即在温室下弦杆上按种植行位拉两道10号铁丝，每行植株基部用撕裂绳的一端系住，撕裂绳的另一端系在顶部铁丝上。当植株长出4～5片叶后，开始吊蔓（彩图5-10），以后随着植株的长高，要及时把主蔓绕在吊绳上，黄瓜一般每隔1～2个节绕1次，注意绕蔓的方向（彩

图 5-11）。迷你黄瓜结果力强，生长过程中要进行疏花疏果，多余的和不正常的花果要及时去除，以集中营养供给，保证正品率。主茎上从第 6 节开始留瓜，1～5 节位瓜及早疏掉。中部每节可留 1～2 个瓜，健壮侧枝上可再留 1 个瓜后拿顶，以增加瓜的条数提高产量，其他长出的侧枝应及时抹掉，以免消耗营养。植株长到超过架顶 20～30cm 时将下部老叶打掉盘条往下坐秧（或摘心）。

（3）采收　当瓜长 13～18cm，直径为 2.0～3.0cm，花已开始谢时即可采收。采收时用消毒剪刀或小刀割断瓜柄，也可用手顺离层掰断瓜梗，要轻拿轻放。单瓜平均重 100～150g，每株可留 20～30 条瓜，每亩产 6000～7000kg。

5.2.3　成本核算（亩）

每亩约用基质 70m^3，费用需 7000 元；贮液池和滴灌系统，需 5000 元；种植槽用红砖 2 万块，需 4400 元；每亩用 60kg 聚乙烯塑料薄膜（0.1mm 厚），需 900 元。因此，每亩槽培设施一次性投资成本约需 17300 元。

5.3　基质袋培技术

基质袋培除了基质装在塑料袋中以外，其他与槽培相似。

5.3.1　栽培设施

（1）栽培袋　栽培袋通常选用抗紫外线的聚乙烯塑料薄膜（0.1mm 厚）制成，至少可使用 3 年。在光照较强的地区，塑料袋表面以白色为好，以便反射阳光增强植株基部光照强度并防止基质升温。而在光照较弱的地区，塑料袋表面则以黑色为好，以利于冬季吸收热量，保持袋中基质的温度。

栽培袋通常有三种：

① 筒状栽培袋　将直径 30～35cm 的塑料筒膜剪成 35cm 长，用塑料薄膜封口机或电熨斗将一端封严，填入基质即可使用（图 5-4）。

图 5-4　筒状栽培袋

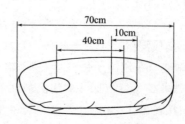

图 5-5　枕头状栽培袋

② 枕头状栽培袋 把直径 30~35cm 的塑料筒膜剪成 70~100cm 长，先封严一端，装入基质后再封严另一端即成（图 5-5）。

③ 长条状栽培袋 将塑料薄膜裁成 85~90cm 宽的长条形，装填基质后，沿长向把两侧叠起，每隔 1.0m 左右用玻璃丝绳扎紧（彩图 5-12）。可用于普通温室或大型连栋温室。

(2) 栽培基质 袋培的基质组配与填装基本和槽培相似，可参照基质槽培中相关内容。

(3) 滴灌系统 袋培的滴灌系统安装前，先将温室的整个地面铺上乳白色或白色朝外的黑白双色塑料薄膜，以便将栽培袋与土壤隔开，同时有助于冬季生产增加室内的光照强度。然后将栽培袋按照一定的行距摆放整齐。枕头状栽培袋摆放后，在袋上开两个直径 10cm 的定植孔，两孔中心距离为 40cm，将来每孔定植 1 株作物。植株定植后再安装滴灌系统。每株至少设置 1 个滴头（图 5-6）。无论是筒状袋培还是枕头状袋培，袋的底部或两侧都应该开出 2~3 个直径为 0.5~1.0cm 的小孔，以便多余的营养液能从孔中渗透出来，防止沤根。

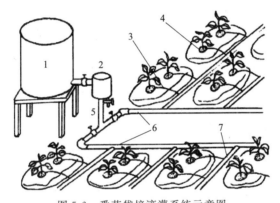

图 5-6 番茄袋培滴灌系统示意图

1—营养液罐；2—过滤器；3—水阻管；4—滴头；5—主管；6—支管；7—毛管

长条状袋栽培则是在基质装填后铺设滴灌管或滴灌软带，然后再将塑料两侧向上卷合，扎紧（彩图 5-13）。

5.3.2 栽培管理技术要点

以栽培樱桃番茄为例，管理要点介绍如下：

(1) 育苗与定植 可采用塑料钵或塑料穴盘育苗。冬季和早春日历苗龄一般为两个月左右，夏季苗龄一般为一个半月左右。当幼苗具有 5~7 片真叶时即可定植，定植时株距为 35~40cm，每亩用苗 2400~2700 株（彩图 5-14）。

(2) 定植后管理

① 营养液管理

a.配方　选用日本山崎番茄营养液配方。

b.浓度调整　缓苗后1个剂量。第一穗果坐住后1.2个剂量，第二穗果坐住后1.5个剂量，第三穗果坐住后1.8～2.0个剂量。

c.供液次数　苗期：1次/（1～2d）。缓苗后：1次/2d。第一穗果坐住后：（1～2次）/d。

② 环境调控

a.温度　缓苗前：昼温30℃。缓苗后：昼夜温度均较缓苗前低2～3℃。结果期：昼温25～28℃，夜温15～18℃。

b.湿度　基质湿度：70％～80％。空气湿度：50％～65％。

c.光照　最适光强：30000～50000lx。

③ 植株调整　番茄常用的整枝方式一般有单干整枝、改良单干整枝和双干整枝三种，设施无土栽培樱桃番茄，一般采用单干整枝的方式。当番茄株高30～35cm时，进行吊蔓，即将玻璃丝绳一端系在番茄植株的茎基部，另一端系于温室顶部的铁丝上，两端均为活扣（彩图5-15）。以后随着番茄植株的生长，每隔2～3节沿逆时针方向绕1次蔓，最好绕在花序下面的一个节上（彩图5-16）。番茄茎节上产生侧枝的能力较强，因侧枝消耗营养，还要及时打掉，称为打杈。

番茄易落花、落果，为了提高产量，可用振荡花序的方法或用15～20mg/L的2,4-D溶液蘸花、涂花，可取得很好的保花、保果效果（彩图5-17）。

除保花、保果外，为提高番茄品质，也要疏花、疏果。以樱桃番茄品种金币为例，一般单一的总状花序，每个果穗留果15～20个，复总状花序，每个果穗留果10～15个。当第一穗果采收之后，要及时去除植株基部的老叶、病叶与黄叶，能有效地改善基部的通风透光条件，减少病虫害的发生。当植株长到顶部铁丝时，要落蔓和盘蔓进行坐秧整枝（彩图5-18），协调营养生长与生殖生长之间的关系，并可延长生育期，提高总产量。通常一年二茬制的番茄，在植株具7～9穗果后摘心，一年一茬制的番茄，在植株具17～20穗果后摘心。

5.3.3　成本核算（亩）

（1）长条状栽培袋　长18m，宽1.0m。2000元。

（2）基质　50m³。5000元。

（3）滴灌系统　1500元。

（4）贮液池　容积为15m³，5000元。

（5）总计　需13500元。

5.4 立体盆钵式基质培技术

5.4.1 栽培设施

(1) 固定柱 先将温室内杂草污物清除干净，然后把地面整平夯实，测量划线后，沿跨度方向用砖和水泥砌成若干条栽培槽。栽培槽宽48cm、深5.0～10cm、坡降为1：200，北高南低（温室坐北朝南），每相邻两个栽培槽之间为作业道，作业道宽40～50cm。槽内铺一层0.1mm厚的黑色聚乙烯塑料薄膜，然后在塑料薄膜上按前后相距96～120cm的距离砌出若干个20～30cm见方的深水泥墩，同时在每个水泥墩中心埋设一根直径2.5cm、长2.0m左右的镀锌铁管，作为固定柱。每个镀锌铁管上套入一只黑色硬质塑料转盘。

(2) 栽培立柱 可选用单一基质如炉渣或食用菌废料，也可用草炭和沙子组配而成的复合基质。北方地区炉渣来源广泛，价格低廉，是比较实用的栽培基质。选择经过筛处理的粒径为0.3～1.5cm的炉渣，混拌消毒后，按粗基质（直径为1.0～1.5cm，有利于排水和通气）、细基质（0.3～0.5cm）的先后顺序依次填入每只盆钵，注意基质填装的深度略低于盆沿2.0cm，然后将填好基质的盆钵一个个套入固定柱上，组成栽培立柱。要求每个立柱上的栽培盆突出部位（即栽培穴）上下错开，盆与盆之间的凹凸扣结合牢固，使数个盆钵成为一个整体，栽培立柱旋转自如。相邻两排立柱要呈三角形错开，每行立柱上的盆钵数量由南到北逐渐增加，以免相互遮光。

(3) 供液系统 供液系统主要由水泵、供液总管、供液支管和供液毛管构成。供液总管（直径4.0cm PE塑料管）一端通过阀门与贮液池内的水泵相连，另一端通过阀门分别与横走于各排立柱上方的供液支管（直径2.5cm PE塑料管）相连。在距各立柱上部较近位置的供液支管上顺次钻出三个直径约0.3cm的小孔，通过嵌入式接头与三根供液毛管连结，其中第一根毛管通到上部第一盆，剩余两根依次通到中、下部栽培盆内，以便供液均匀。在供液时营养液经供液总管→供液支管→供液毛管流入栽培盆。营养液流量由供液支管上的阀门控制，定量供应，多余营养液自上而下通过各栽培盆底的小孔依次渗流至地面，汇集到排液沟，最后排出棚室外。

(4) 贮液池 按每株叶菜占1L营养液的量设计其容积，每亩的栽培面积需要一个能盛装15～20t营养液的贮液池。池底及四周由混凝土水泥砂浆砖砌而成，用高标号耐腐蚀水泥砂浆封面，并在贮液池内壁涂抹防水材料。为了便于贮液池的清洗和使水泵维持一定的水量，可在贮液池底部的一角放置水泵处修建一个50cm见方凹下去的小水槽，贮液池底部要有一定坡降，要求贮液池底部凹下去的小水槽位置坡度较低。最后将木板连接成一体形成一个木板盖，尺寸大小能覆盖住整个贮液池口即可。

5.4.2 栽培管理技术要点

以栽培紫背菜为例，管理要点归纳如下：

(1) 配方选择 以日本山崎茼蒿营养液标准配方为基础，经稍加改进配制而成（表5-4）。

表5-4 紫背菜立体盆钵式基质培营养液配方   单位：mg/L

化合物名称	用量	化合物名称	用量
四水硝酸钙	234	硝酸钾	450
磷酸二氢钾	70	七水硫酸镁	98

注：以炉渣为栽培基质，因其本身含有足够的微量元素，故上述配方中一般只含大量元素化合物即可。

(2) 浓度调整 定植初期 EC 值可调节至 0.5～1.0mS/cm，以后随长势逐渐增加。生长中期可控制在 2.0～2.5mS/cm，最高不宜超过 3.0mS/cm。因炉渣的缓冲性能较好，故基质培紫背菜对营养液浓度的适应性较强。短期低于或高于最适范围，一般也不会出现异常变化。

(3) pH 调节 紫背菜生长适宜的 pH 为 6.0～6.8。可每隔半个月左右测定一次营养液的酸碱度，若 pH 超出此范围，应及时用 1～2mmol/L 的 NaOH 或 H_3PO_4 进行调节。

(4) 供液次数 每天供液 1～2 次，每次 10min 左右。

(5) 除盐 紫背菜基质栽培过程中，由于基质本身的吸附性，时间过长易导致炉渣内盐分积累过多而对根系造成为害。为消除这种危险，栽培设施应每隔一个月左右供一次清水（夏季每半个月一次），以洗去炉渣表面沉积的多余盐分。

(6) 植株调整 定植后一般经 10～15d，待主干伸展至 15cm 长时去顶，促其侧芽萌生为营养主枝，每株可选留 4～6 个主枝，培养成旺盛株丛。在整个生长过程中，可经常转动立柱，尽量使各处植株受光均匀，长势平衡。

(7) 温、湿度调控 紫背菜生育适温为 20～25℃，耐热不耐寒、怕霜冻，因此冬春低温季节（11月～翌年3月）保护地栽培要注意保温，棚温宜保持在 10℃ 以上。夏秋季气温较高，室温经常超过 35℃，应加大通风换气量，必要时覆盖遮阳网，降低室内温度和湿度，既利于生长，又可防止病虫害滋生，提高产品的商品性。

5.4.3 成本核算（亩）

(1) 栽培钵 1500 只，约 15000 元。

（2）**供液系统**　2000 元。

（3）**基质**　炉渣 800 元。

（4）**贮液池**　5000 元，其他 600 元。

（5）**总计**　约 23400 元。

关键技术 5-1　固体基质理化性质的测定

1.1　技能训练目标

① 学会基质主要理化性质的测定方法。

② 认识基质理化性质测定的意义。

1.2　材料与用具

1.2.1　材料

珍珠岩、炉渣、蛭石、沙子等风干基质若干。

1.2.2　用具

托盘天平 6 台；杆秤 1 台；pH 计 1 支；电导率仪 1 台；500mL 烧杯 18 只；50mL 烧杯 6 只；50mL 量筒 12 支；纱布 200g；1mol/L 硝酸溶液 1L；1mol/L 氢氧化钠溶液 1L。

1.3　方法与步骤

1.3.1　容重的测定

取一个干净容器（如罐头瓶等），测其体积和质量，体积记为 V，质量记为 W_1。装满待测干基质，称其总质量，记为 W_2。用基质的质量除以容器的体积即得到基质的容重。计算公式为：

$$容重(g/cm^3) = (W_2 - W_1)/V$$

1.3.2　总孔隙度的测定

上述容重测定完之后，将装满基质的容器浸入水中 1h，然后称吸足水分后基质和容器的总质量，记为 W_3。最后用下列公式计算基质的总孔隙度。

$$总孔隙度(\%) = [(W_3 - W_1) - (W_2 - W_1)]/V \times 100\%$$

1.3.3　大小孔隙度的测定

按上述方法测得总孔隙度后，将容器口用一块质量为 W_4 的纱布包住，然后将容器倒置，让基质中的水分自然向外渗出，静置 2h，直到容器中没有多余的水分渗出为止，称重，记为 W_5。最后用下列公式分别计算基质的通气孔隙和持水孔隙。

$$通气孔隙(\%) = (W_3 + W_4 - W_5)/V \times 100\%$$

$$持水孔隙(\%) = (W_5 - W_2 - W_4)/V \times 100\%$$

1.3.4　酸碱性的测定

称取风干基质 10g 于 100mL 烧杯中，加 50mL 蒸馏水后振荡 5min，再静置 30min，然后过滤，用 pH 计测定基质浸提液的酸碱度。并比较不同基质的酸碱性。

1.3.5　缓冲能力的测定

向上述不同基质的浸提液中分别加入酸或碱，0.5h 后用 pH 计测定不同基质浸提液的 pH。记录不同基质缓冲能力的大小。

1.3.6　电导率的测定

称取风干基质 10g，加入蒸馏水 50mL，振荡浸提 10min，过滤，取其滤液用电导率仪测定电导率。

1.4　技能要求

① 基质必须处于风干状态。

② 测大小孔隙度时一定做到基质水分自然渗出后再进行。

1.5　技能考核与思考题

1.5.1　技能考核

测定珍珠岩、蛭石、沙子等固体基质的主要理化性质。

1.5.2　思考题

① 基质理化性质对作物栽培效果有何影响？

② 分析基质通气孔隙的计算公式。

关键技术 5-2　固体基质的组配与消毒

2.1　技能训练目标

① 掌握基质组配的方法与标准、基质常用消毒方法。

② 理解基质组配与消毒对基质培作物的影响。

2.2　材料与用具

2.2.1　材料

常用的有机、无机基质若干。

2.2.2　用具

塑料盆 6 只，小铁铲 6 把，1L 量杯 6 只，橡胶手套 6 副，喷壶 1 把，水桶 1 只，0.3%～0.5%次氯酸钠或次氯酸钙溶液 5L，0.1%～1.0%高锰酸钾溶液 5L，45%多菌灵可湿性粉剂 5L。

2.3　方法与步骤

2.3.1　基质组配

① 预先将各种有机、无机基质倒在塑料盆中，挑出杂质污物，做到基质颗

粒大小均一，纯度高。

② 按基质组配比例要求分别量取、混合，用手或小铁铲搅拌均匀。常用的基质组配比例见表5-5。

表 5-5　常用基质的组配比例

基质种类	组配比例	基质种类	组配比例
草炭：珍珠岩：沙	1：1：1	草炭：蛭石	1：1
草炭：珍珠岩	1：1	蛭石：珍珠岩	1：1
草炭：沙	1：1	草炭：蛭石：珍珠岩	2：1：1
草炭：沙	1：3	草炭：珍珠岩：树皮	1：1：1
草炭：沙	3：1	草炭：珍珠岩	3：1

2.3.2　基质药剂消毒

① 预先在喷壶中配好消毒液，如 $0.1\% \sim 1.0\%$ 高锰酸钾溶液，待用。

② 按消毒基质的量取单一基质或复合基质置于塑料盆中或塑料膜（铺在水泥地面）上。

③ 边搅拌边用喷壶向基质上喷洒消毒液，要求喷洒全面、彻底。然后用塑料膜盖 $20 \sim 30min$，时间结束后用清水冲洗 $2 \sim 3$ 次即可使用。也可暂时用塑料袋装好，备用。2.3.3　基质太阳能消毒

① 在铺有塑料膜的水泥平地上将基质堆成高 $20 \sim 25cm$、宽 $2m$ 左右、长度不限的基质堆。

② 用水浇透基质，使其含水量达 80% 以上，然后用塑料布盖严。夏季每隔 $2 \sim 3d$、冬季每隔 $7 \sim 10d$ 翻堆摊晒 1 次。

③ 夏季曝晒 $10 \sim 15d$，冬季适当延长若干天，靠太阳能消毒。

④ 消毒结束后收集，备用。

2.4　技能要求

① 基质混配要均匀、无杂质杂物。

② 基质消毒要全面彻底。

2.5　技能考核与思考题

2.5.1　技能考核

① 结合材料，配制两种理化性质较优良的复合基质。

② 演示基质太阳能消毒的操作步骤。

2.5.2　思考题

① 为什么生产上最好采用复合基质？

② 基质消毒不彻底时可能会有什么后果？

3.1　技能训练目标

熟悉地下贮液池的作用、容积的设计与建造技术。

3.2　材料与用具

红砖、水泥、泥板、沙子、铁锹、电工锯、皮尺、卷尺、木板（3.0～5.0cm 厚）、8 号钢筋等。

3.3　方法与步骤

3.3.1　确定贮液池（槽）位置

一般建于温室中间位置，一栋温室一个贮液池。也可多栋大棚共用一个贮液池。

3.3.2　设计贮液池（槽）的容积

根据栽培模式、栽培作物的种类和面积来确定。DFT 水培时，按大株型的番茄、黄瓜等每株占液 15～20L，小株型的生菜、苦苣菜等每株占液 3L 左右来推算出全温室（大棚）的总需液量后，按 1/2 量存于种植槽中，1/2 量存于地下贮液池中。即以总液量的一半作为贮液池的容积；NFT 水培时，按大株型作物每株占液 5L，小株型作物每株占液 1L 来推算出全温室（大棚）的总需液量后，便以此作为贮液池（槽）的容积。

3.3.3　画简易施工图

3.3.4　划线挖池

按施工图要求在温室内划线挖池。贮液池形状多为长方形底部倾斜式或在池底一端挖一潜水泵槽，比较适用。池挖好后用砖、水泥砂浆砌好，池壁高出地面 10～20cm。贮液池内壁设水位标记，便于管理营养液的水位。确定回液管的位置，要求高于营养液面。有条件的可在贮液池内安装不锈钢螺旋管，使用暖气给营养液加温，利用地下水给营养液降温。

3.3.5　加盖

贮液池（槽）必须加盖，防止污物泥土掉入贮液池内，同时避免阳光对营养液的直射，以防止藻类滋生，因为藻类不仅会污染营养液和堵塞管道，而且还会传播病害。

3.3.6　贮液池清洗

贮液池建好后，先用清水浸泡 2～3d，再用稀硫酸或磷酸浸泡中和，直至浸泡液的 pH 稳定在 6～7 之间，最后用清水冲洗 2～3 次，备用。

3.4　技能要求

① 贮液池容积设计合理，能够满足种植系统对营养液的需求。

② 贮液池建好后，无渗漏现象，经久耐用。

3.5 技能考核与思考题

3.5.1 技能考核

总结贮液池的建造步骤。

3.5.2 思考题

怎样防止贮液池出现渗漏现象？

关键技术 5-4   基质槽建造技术

4.1 技能训练目标

栽培槽的结构和规格设计合理、科学；施工易、成本低。

4.2 材料与用具

塑料薄膜（厚度 0.1～0.2mm）、红砖、皮尺、直尺、铁锹、铁耙、剪子、地热线、铁丝等。

4.3 方法与步骤

①用铁锹和铁耙平整地面并压实。若槽要求坡降，则槽底按坡降做成斜面。

②预先按设计图，借助皮尺、直尺测量好每个槽的位置，然后用红砖砌成基质槽，槽宽 72～96cm，槽深 15cm，槽长依具体情况而定。槽间距 40cm 左右。开放式基质培时无坡降或坡降为 1：75 或 1：100；循环式基质培的坡降为 1：75 或 1：100。

③考虑冬季无土生产，需预先在槽底铺地热线。可在槽底铺一层苯板，其上铺一层 2.0cm 厚的干沙，在沙中按照 80～100W/m² 铺电热线，其上铺一层塑料薄膜。若不铺地热线，则直接在槽内衬一层黑色塑料薄膜。

④当槽无坡降时，在距槽底约一块砖的高度处，隔 50cm 用刀切开一道 5.0～8.0cm 的缝隙，以便让过多的营养液能够流到槽外，并在槽的两端及中间部位放置 3～4 根直立于槽底、直径为 7.5～10.0cm、高度与槽面平行或高于槽面的液位观测管，以便观察基质中的积水情况。当槽有坡降时，可在槽的较低端接一细塑料管，将多余营养液排出槽外至废液回收池（或塑料容器）或直接与回流主管相连，循环再利用。

⑤槽建好后，槽上覆塑料薄膜，以防前槽内积存杂物。至此常用基质槽建好，待用。

4.4 技能要求

①按照规格要求建造基质槽且布局合理。

②地面要整平压实。

③ 槽内薄膜要求铺平，无皱折，无破损之处。

4.5 技能考核与思考题

4.5.1 技能考核

结合温室跨度，自行建造一个基质栽培槽，并总结其建造方法和注意事项。

4.5.2 思考题

① 建槽有时为何要求有一定坡降？

② 建槽前地面若不压实可能会出现什么后果？

③ 有哪些方法可以减少栽培槽的建造成本？

第6章

水培技术

水培是无土栽培中应用最早的技术，其主要特征是植物的根系不是生活在固体基质中，而是生活在营养液内，又称水耕栽培或营养液栽培。目前，用于大规模生产的水培设施，主要有深液流技术（DFT）和营养液膜技术（NFT）。本章主要介绍这两类水培技术。此外，还有管道水培技术和立柱叠盆式水培技术等。

6.1 深液流技术

深液流技术（deep flow technique，DFT），是最早开发成可以进行农作物商品生产的无土栽培技术。从 20 世纪 30 年代至今，通过改进，被认为是比较适用于第三世界国家的类型。DFT 在日本普及面广，我国的台湾、广东、山东、福建、上海、湖北、四川等省市也有一定的推广面积，成功地生产出番茄、黄瓜等果菜类蔬菜和莴苣、茼蒿等叶菜类蔬菜。因此，这种类型的水培设施也比较适合我国现阶段的国情。

6.1.1 设施结构

深液流水培设施一般由种植槽、定植板与定植杯、地下贮液池、营养液循环流动系统四大部分组成。由于建造材料不同和设计上的差异，现已有多种类型问世。例如日本就有两大类型，一种是全用塑料制造，由专业工厂生产成套设备投放市场供用户购买使用，用户不能自制（日本的 M 式和协式等）；另一种是水泥构件制成的，用户可以自制（日本神园式）。经试用，神园式比较适合我国国情。现将改进型神园式深液流水培设施做以下介绍（图 6-1）。

（1）种植槽 种植槽内径一般宽 72～96cm，深 15～20cm，长 10～20m，坡

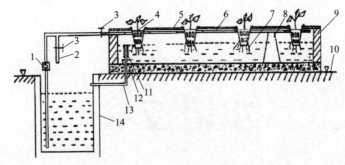

图 6-1　改进型神园式深液流水培设施纵切面示意图

1—水泵；2—充氧支管；3—阀门；4—定植杯；5—定植板；6—供液管；7—营养液；

8—支撑墩；9—种植槽；10—地面；11—液层控制管；12—橡皮塞；13—回流管；14—贮液池

度为1∶100。槽底用5.0cm厚的水泥混凝土制成，然后在槽底的四周用水泥砂浆将火砖结合成槽框，再用高标号耐酸抗腐蚀的水泥砂浆抹面，以达防渗防蚀的效果（图6-2）。

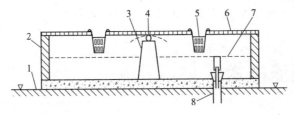

图 6-2　种植槽横切面示意图

1—地面；2—种植槽；3—支撑墩；4—供液管；5—定植杯；

6—定植板；7—液面；8—回流及液层控制装置

这种槽可以省去内垫塑料薄膜，直接盛装营养液进行栽培。新建成的槽需用稀硫酸浸洗，除去碱性后才可使用。不用内垫塑料薄膜直接在水泥砖结构种植槽内栽培，能否成功在于是否选用耐酸抗腐蚀的水泥材料。这种槽的优点是农户可自行建造，管理方便，耐用性强，且造价从长远来说并不比垫塑料薄膜型的高。其缺点是不能拆卸搬迁，属永久性建筑，槽体比较沉重，必须建在坚实的地基上，否则会因地基下陷造成断裂渗漏。因此在设计建造时要选好地点，槽的间距、宽窄、长短、深浅等都要审慎考虑，一经建成就难以更改。

（2）定植板与定植杯　定植板用聚苯乙烯硬泡沫板制成，长一般为1.5～2.0m，厚约3.0cm（图6-3）。板面上开出若干个定植孔，孔径为5.0～6.0cm，定植孔内嵌一只塑料定植杯，杯高7.5～8.0cm，杯口直径与定植孔的孔径相同，杯口外沿有一圈宽约5.0mm的唇，以卡在定植孔上，杯的下半部及底部开出许多直径5.0mm的孔（图6-4）。定植板比种植槽宽10cm，使定植板的两边能架在种植槽的槽框上，这样就可使定植板连同定植杯悬挂起来。

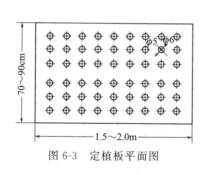

图 6-3　定植板平面图

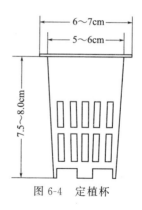

图 6-4　定植杯

悬杯定植作物的方式,植株的重量为定植板和槽框所承担。当槽内液面低于槽顶时,液面和定植板底之间隔成一段空间,为空气中的氧向营养液中扩散创造了条件。在槽宽 72～96cm,而定植板的厚度维持在 2.5～3.0cm 时,需在槽的宽度中央架设支撑物以支持定植板和植株的重量,使定植板不会由于植株长大增重而向下弯成弧形。支撑物可用水泥墩替代,沿槽的宽度中线每隔 70cm 左右设置 1 个,墩上架一条硬塑料供液管道,一方面起供液作用,另一方面起支持定植板重量的作用(图 6-1、图 6-2)。水泥墩的截锥底面直径为 10cm,顶面直径为 5.0cm,墩的高度加上供液管的直径应等于种植槽内壁的高度,墩顶面要有一小凹坑,使供液管放置其上时不会滑落。架在墩上的供液管道应紧贴于定植板底,以承受定植板的重力而保持其水平状态。在槽壁顶面保证是水平状态下,定植板的板底连同定植杯的杯底与液面之间各点都应是等距的,以使每个植株接触到营养液的机会均等。要避免有些植株已接触到营养液,而另一些植株仍然悬在空间而造成生长不均的现象。

当定植初期根系未伸出杯外时,要求液面能浸住定植杯底 1.0～2.0cm,以使幼苗及时吸到水分和养分。随着根系伸入营养液深处,液面要相应调低,上部空间得以扩大,露于空气中的根段就较大,这对解决根系呼吸需氧是相当有用的。这种定植方法由于悬挂作用,植株和根系的绝大部分重量不是压在种植槽的底部,而是许多根系漂浮于营养液中,不会形成厚实的根垫阻塞根系底部营养液的流通。形成厚实的根垫以致根垫底部严重缺氧而坏死是营养液膜技术(NFT)的一个突出缺点,采用悬挂定植有利于克服这个缺点。华南农业大学作物营养与施肥研究室在广东推广 10000 多平方米的无土栽培,大部分是悬挂式定植的深液流水培,从而证明这种方法是可行的。即使来栽培如豌豆等十分需氧的豆类作物,也能使其顺利形成根瘤和正常生育。

(3) 地下贮液池　地下贮液池是为了增大营养液的缓冲能力,为根系创造一个较稳定的生存环境而建造的。也有些类型的深液流水培设施不建地下贮液池,而直接从种植槽底部抽回营养液进行循环，日本 M 式水培设施就是这样。这无疑可以节省占地和费用，但也失去了地下贮液池所具有的诸多优点。

贮液池一般应设在地面下，其优点有：

① 增大植物单株占液量而又不致使种植槽建得太深，使营养液的浓度、pH、溶存氧、温度等较长期地保持稳定。

② 便于调节营养液的状况，例如调控液温、酸碱性等，如无贮液池而直接在种植槽内增减温度，势必要在种植槽内安装复杂的管道，既增加了费用也导致管理不便。再如调节 pH，如无贮液池，势必将酸、碱母液直接加入种植槽内，容易出现局部过酸或过碱的危险。

贮液池容积的设计方法为：①栽培大株型作物，以每株占液 15～20L 计算。②栽培小株型作物，以每株占液 3L 计算。算出总需液量后，以其一半作为贮液池的容积即可。

(4) 营养液循环流动系统　包括供液管道、回流管道、水泵和定时器，所有管道均用塑料制成。

① 供液管道　水泵将营养液从贮液池内抽起后，分成两条支管，每条支管各自有阀门控制。一条转回贮液池上方，将一部分营养液喷回池中作增氧用。若要清洗整个种植系统时，此管也可作彻底排水之用。另一条支管接到供液总管上，供液总管再分出许多分支通到每个种植槽边，再接上槽内供液毛管。

在槽宽为 72～96cm 的种植槽内，供液毛管用直径 25mm 的聚乙烯硬管制成，每隔 45cm 开一对孔径为 2.0mm 的小孔，小孔至管圆心线与水平直径之间的夹角为 45°，每个种植槽的供液毛管在其进槽前设有控制阀门，以便调节流量。

② 回流管道　在种植槽的一端底部设一回流管，管口与槽底面持平，管下段埋于地下外接到回流总管上。槽内回流管口如无塞子塞住，进入槽内的营养液可彻底流回贮液池中。为使槽内存留一定深度的营养液，要用一段带橡胶塞的液面控制管（图 6-5）塞住回流管口。当液面超过液面控制管的管口时，便通过管口回流。另可在液面控制管的上段再套上一段活动的胶管，将其提高，液面随之升高，将其

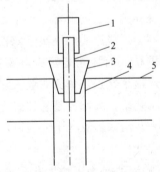

图 6-5　种植槽内液面控制装置

1—可上下移动的橡胶管；2—PVC 硬管；3—开孔的橡皮塞；4—回流管；5—种植槽底

压低，液面随之下降。液面控制管外再套上一个宽松的围堰圆筒（用硬塑料筒制成，筒内径比液面控制管大1倍即可），筒高要超过液面控制管管口，筒脚有锯齿状缺刻，使营养液回流时不能从液面直接流入回流管口，迫使营养液从围堰脚下缺刻处通过才转入回流管口，这样可使供液管喷射出来的富氧营养液驱赶槽底原有的比较缺氧的营养液回流（图6-6）。若将整个带橡胶塞的液面控制管拔去，槽内的营养液便可彻底排净。

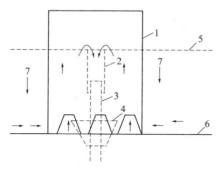

图 6-6　罩住液位控制装置的塑料管

1—带缺刻的硬塑料筒；2—液位调节管；3—PVC 硬管；4—橡胶塞；
5—液面；6—槽底；7—营养液及其流向（用箭头表示）

　　每个槽的回流管道与总回流管道的直径，应根据进液量来确定。回流管的直径应大到足以及时排走需回流的营养液量，以避免槽内营养液进液大于回液而泛滥。

　　③ 水泵和定时器　水泵选择见第 5 章内容。水泵配以定时控制器，按需控制水泵的工作时间。大面积栽培时，可将温室内全部种植槽分为四组，每组有一供液控制阀，分组轮流供液，以保证供液时从供液毛管上小孔中射出的小液流有足够的压力，提高增氧效果。

6.1.2　栽培管理

(1) 设施处理

　　① 新建种植槽的处理　新建成的水泥结构种植槽和贮液池，会有碱性物质渗出，要用稀硫酸或磷酸浸渍中和，除去碱性后方可使用。开始时先用水浸渍数天洗刷去大部分碱性物质，然后再放入酸液（2～3mol/L）浸渍，开始时将酸液调至 pH=2 左右，浸渍时 pH 还会再度升高，应继续加酸进去，一直浸渍到 pH 稳定在 6～7 之间，排去浸渍液，用清水冲洗 2～3 次即可。

　　② 换茬阶段的清洗与消毒

　　a.定植杯的清洗与消毒　将定植板上的定植杯捡出，集中到清洗池中，将杯内的残茬和石砾脱出，从石砾中清去残茬，再用水冲洗石砾和定植杯，尽量将细碎的残根冲走，然后用含 0.3%～0.5%有效氯的次氯酸钠或次氯酸钙溶液浸泡消毒，浸泡 1d 后将石砾及杯捞起，用清水冲洗掉消毒液待用。如当地小石砾价格很便宜，则用过的小石砾可弃去，以省清洗消毒费用，只捡回定植杯处理后重新使用。

b. 定植板的清洗与消毒　用刷子在水中将贴在板上的残根冲刷掉，然后将定植板浸泡于含 0.3%～0.5%有效氯的次氯酸钠或次氯酸钙溶液中，使湿透后捞出，一块块叠起，再用塑料薄膜盖住，保持湿润 30min 以上，最后用清水冲洗干净待用。

c. 种植槽、贮液池及循环管道的消毒　用含 0.3%～0.5%有效氯的次氯酸钠或次氯酸钙溶液喷洒槽、池内外所有部位使之湿透（每平方米面积约用 250mL 消毒液），再用定植板和池盖板盖住保持湿润 30min 以上，然后用清水洗去消毒液待用。全部循环管道内部用含 0.3%～0.5%有效氯的次氯酸钠或次氯酸钙溶液循环流过 30min，循环时不必在槽内留液层，让溶液喷出后即全部回流，并可分组进行，以节省用液量。

（2）管理技术要点

① 栽培作物种类的选择　初进行水培时，应选择一些较适应水培的作物种类来种植，如番茄、节瓜、直立莴苣、蕹菜、鸭儿芹、苦苣菜等，以取得水培的经验。在没有控温设备的大棚内种植，要选择完全适应当季生长的作物，切忌不顾条件地去搞反季节生产，不要误解无土栽培技术有反季节的功能。

② 育苗与定植

a. 育苗　用穴盘育苗或塑料钵育苗。

b. 移苗入定植杯　准备好非石灰质小石砾（粒径以大于定植杯中下部小孔为宜），先在定植杯底部垫入 1.0～2.0cm 厚的小石砾，再从育苗容器中将幼苗起出，洗净根部基质，移入定植杯内，然后在幼苗根系周围覆盖一层直径较小的小石砾稳住幼苗。稳苗材料最好也用小石砾，因其没有毛管作用，可防营养液上渗而造成盐害。

c. 过渡槽内集中寄养　幼苗移入定植杯后，本可随即转入种植槽上的定植板孔中正式定植，但定植板上的孔距是按植株长大后需占的空间而定的，若幼苗太小，则很久才能长满空间。为了提高温室及水培设施的利用率，将已移入定植杯内的很细小的幼苗，密集置于一个过渡槽内，不用定植板直接置于槽底，作过渡性寄养。槽底放入营养液 1.0～2.0cm 深，使之能浸住杯脚，幼苗即可吸到水分和养分，迅速长大并有一部分根伸出杯外，待长到有足够大的株型时，才正式移植到种植槽的定植板上。移入后很快就长满空间（封行）达到可以收获的程度，大大缩短了占用种植槽的时间。这种集中寄养的方法，对生长期较短的叶菜类蔬菜是很有用的，但对生长期很长的果菜类蔬菜则用处不大。

d. 定植后液面的控制　带有幼苗的定植杯移入种植槽上的定植板孔以后，即为正式定植。定植初期根系尚未伸出杯外时，要求液面能浸住杯底 1.0～2.0cm，以使每一株幼苗有同等机会及时吸到水分和养分，这是保证植株生长均匀，不致出现大小苗现象的关键措施。当植株发出大量根系深入营养液后，液面随之降低，上部的空间得以扩大，暴露于湿润空气中的根系量就较多，这对解决根系呼吸对氧气的需求是相当有用的。原则上液面降低以后，若上部的根段已产生大量根毛，液面就稳定在这个水平（3.0～4.0cm）。还要注意使存留于槽底的营养液量能满足植株 2～3d 吸水的需要，不能降得太浅维持不了植株 1d 的吸水量。生产上还应注意水泵出故障或电源中断不能及时供液的问题。

6.1.3　特点

(1) 深　指种植槽较深，营养液液层深。植物根系伸展到较深的液层中，单株占液量较多，因此，营养液的浓度、溶存氧、酸碱度、温度等都不易发生剧烈变动，为根系提供了一个比较稳定的生长环境。这是深液流水培的突出优点。

(2) 悬　指植株悬挂栽培，植株的根系一部分暴露于空间，一部分浸没在营养液中，有半水培半气培的性质，较易解决根系的水气矛盾。

(3) 流　指营养液循环流动。其优点有：①增加营养液中溶存氧的含量，防止氧气不足；②使根系始终接触到新的营养液，满足植物对养分的需求；③使形成沉淀的化合物重新溶解，防止出现缺素病症。

6.1.4　评价

① 营养液的性质比较稳定。

② 较好地解决了根系的水气矛盾。

③ 取材方便，管理简化。

④ 栽培范围广。除块根、块茎类作物之外，几乎所有的果菜类和叶菜类蔬菜都可利用 DFT 栽培。

⑤ 养分利用率高，不污染环境。养分利用率可达 90％～95％以上，不会或很少污染周围环境。

⑥ 成本较高。投资较大，成本较高，特别是永久式深液流水培设施比拼装式的更高。

⑦ 病害易蔓延。由于深液流水培是在一个相对封闭的环境下进行，营养液循环使用，一旦发生根系病害，易造成相互传染甚至导致栽培失败。

⑧ 技术要求较高。与基质培相比，深液流水培的技术要求较高。这主要体现在营养液控制的方面，因此就要求管理人员具有较好的专业素质。不过，DFT 比营养液膜技术要求稍低。

6.2 营养液膜技术

营养液膜技术（nutrient film technique，NFT），是一种将植物种植在浅层流动的营养液中的水培方法。是由英国温室作物研究所的专家库柏在 1973 年发明的。1979 年以后，该项技术迅速在世界范围内推广。许多工作者先后应用这种方法种植作物，效果良好。据 1980 年的资料记载，当时已有 68 个国家正在研究和应用该技术进行无土栽培生产。我国在 1984 年也开始开展这种无土栽培技术的研究和应用工作。NFT 是目前世界上一类重要的无土栽培技术。

6.2.1 设施结构

NFT 的设施主要由种植槽、贮液池、营养液循环流动系统三个部分组成（图 6-7）。此外，还可以根据生产实际和资金情况，配置一些其他辅助设备，如浓缩营养液贮备罐及自动投放装置，营养液加温、冷却装置等。

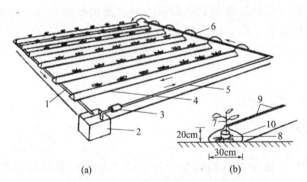

图 6-7 NFT 设施组成示意图

（a）全系统示意图；（b）种植槽剖视图

1—回流管；2—贮液池；3—泵；4—种植槽；5—供液主管；6—供液支管；

7—苗；8—育苗钵；9—夹子；10—聚乙烯薄膜

(1) 种植槽 NFT 的种植槽分为两类：一类是栽培大株型作物用的（图 6-7），另一类是栽培小株型作物用的（图 6-8）。

① 栽培大株型作物的种植槽 这种槽是用 0.1～0.2mm 厚面白底黑的聚乙烯薄膜围起来的等腰三角形槽，槽长 20～25m，槽底宽 25～30cm，槽高 20～25cm。即取一幅宽 75～80cm，长 21～26m 的上述薄膜，铺在预先整平压实的、具有一定坡降（1：75）的地面上，长边与坡降方向平行。定植时将带有苗钵的幼苗置于膜宽幅的中央排成一行，然后将膜的两边拉起，使膜幅中央有 20～30cm 的宽度紧贴

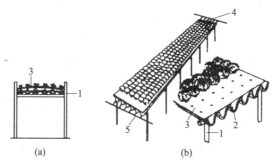

图 6-8　小株型作物用 NFT 种植槽

（a）横切面；（b）侧俯视

1—支架；2—波纹瓦；3—定植板盖；4—供液；5—回流

地面，拉起的两边合拢起来用夹子夹住，成为一条高 20～25cm 的等腰三角形槽。植株的茎叶从槽顶的夹缝中伸出槽外，根部则置于不透光的槽内。

营养液要从高端流向低端，故槽底下的地面不能有坑洼，以免槽内积液。坡降不要太小，也不要太大，以营养液能在槽内流动畅顺为好。在槽底宽 25～30cm，槽长不超过 25m 的槽内，每分钟注入 2～4L 营养液是适宜的。

为改善作物的吸水和通气状况，可在槽内底部铺一层无纺布。其作用是：

a. 浅层营养液直接在塑料薄膜上流动会产生乱流，当植株幼小时，营养液会流不到某些根系中去，造成部分植株缺水。无纺布可使营养液扩散到整个槽底部，保证全部植株都能吸收到水分。

b. 根系如果直接贴在塑料薄膜生长，当根量多，重量大时，会形成一个厚厚的根垫与塑料薄膜贴得很紧，营养液在根的底部流动不畅，造成根垫底下缺氧，根系容易坏死。而有一层根系穿不过的无纺布，根只能在无纺布上面生长，营养液可在其间流动，解决了根垫底部缺氧的问题。

c. 无纺布可吸持大量水分，当停电断流时，可缓解作物缺水而迅速出现萎蔫的危险。

② 栽培小株型作物的种植槽　这种槽用玻璃钢或水泥制成的波纹瓦作槽底，波纹瓦的宽度为 100～120cm，谷深为 2.5～5.0cm，相邻波峰间距为 10～15cm。全槽长 20m 左右，坡降 1∶75。波纹瓦连接时，叠口要有足够深度而吻合，以防营养液漏掉。一般种植槽都架设在木架或金属架上，高度以方便操作为宜。波纹瓦上面要加一块板盖将它遮住，使其不透光（图 6-8）。板盖用苯板制作，上面钻有定植孔，孔距按种植作物的株行距来定，板盖的长宽与波纹瓦槽底相匹配，厚度为 2cm 左右。

（2）贮液池　建造材料和方法同深液流技术，但需注意容积的设计，按照能够容纳整个种植系统所需的全部营养液来设计其体积。例如，种植果菜类蔬菜黄瓜、番茄等，以每株占液 5L 计算；种植叶菜类蔬菜生菜、油麦菜等，以每株占液 1L 计算。推算出整个栽培系统所有植株需要的全部营养液体积，就以此作为贮液池容积的设计。

(3) 营养液循环流动系统 主要由水泵、管道和流量调节阀等构成。

① 水泵 应选用耐腐蚀的自吸泵或潜水泵，功率大小应与整个种植面积营养液循环流量相匹配。如功率太小，则流量不足，有些种植槽得不到供液或各槽供液量达不到要求。如功率太大，则会造成浪费，也可能因压力过大而损坏管道。一般每亩的温室选用功率为 1000W、流量为 $6 \sim 8 m^3/h$ 的水泵即可达到要求。

② 管道 均应采用塑料管道，以防止腐蚀。管道安装时要严格密封，最好采用牙接而不用套接。同时尽量将管道埋于地面以下，一方面方便工作，另一方面避免日光照射而加速老化。管道分两种，第一种是供液管道，从水泵连接供液主管，在主管首端分出一条支管，直接转回贮液池上方，使一部分抽起来的营养液喷回贮液池中，一方面起搅拌营养液作用使之更均匀并增加营养液中溶存氧含量，另一方面可通过其上的阀门调节主管输往种植槽方向去的营养液流量。供液主管的末端再分出支管，到达每个种植槽的高端，依次与槽内的供液毛管相连，每槽的毛管始端设流量调节阀。大株型种植槽每槽内设几条直径为 $2 \sim 3mm$ 的毛管，管数以控制到每槽 $2 \sim 4L/min$ 的流量为度。多设几条毛管的目的是当其中有 $1 \sim 2$ 条堵塞时，还有 $1 \sim 2$ 条畅通，以保证不会缺水。小株型种植槽每个波谷内都设两条毛管，保证每个波谷都有液流，流量每谷为 $2L/min$。第二种是回流管道，在种植槽的低端设排液口，用管道接到集液回流主管上，将营养液再引回贮液池中。集液回流主管需有足够大的口径，以免种植槽内营养液滞溢。

(4) 其他辅助设施 NFT 因营养液用量少，致使营养液的性质变化比较快，必须经常进行调节。为减轻劳动强度并使调节及时、准确，可选用一些自动化控制的辅助设备进行自动调节。辅助设备包括定时器、电导率（EC）自控装置、pH 自控装置、营养液温度调节装置和安全报警装置等（图 6-9）。

① 定时器 间歇供液是 NFT 水培特有的管理措施。通过在水泵上连接一个定时器从而实现间歇供液的时间控制。

② 电导率（EC）自控装置 由电导率（EC）传感器、控制仪表、浓缩营养液罐（分为两个）和注入泵组成。当 EC 传感器感应到营养液的浓度降低到设定的限度时，就会由控制仪表指令注入泵将浓缩营养液注入贮液池中，使营养液的浓度恢复到原先的水平。反之，如营养液的浓度过高，则会指令水源阀门开启，加水冲稀营养液使之降到规定的水平。

③ pH 自控装置 由 pH 传感器、控制仪表和带注入泵的浓酸（碱）贮存罐组成，其工作原理与 EC 自控装置相似。

④ 营养液温度调节装置 液温太高或太低都会影响作物的生长，通过调节液温以改善作物的生长条件，比对大棚或温室进行全面加温或降温要经济得多。

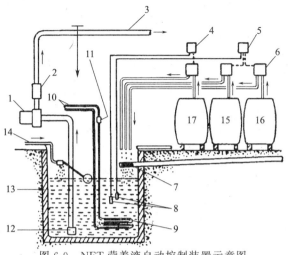

图 6-9　NFT 营养液自动控制装置示意图

1—泵；2—定时器；3—供液管；4—pH 控制仪；5—EC 控制仪；6—注入泵；7—营养液回流管；
8—EC 及 pH 感应器；9—加温或冷却管；10—暖气（冷水）来回管；11—暖气（冷水）控制阀；
12—水泵滤网；13—贮液池；14—水源及浮球；15,16—浓缩营养液贮存罐；17—浓酸（碱）贮存罐

营养液温度调节装置主要由加温或降温装置及温度自控仪两部分组成。加温或降温方法详见第 3 章相关内容。

⑤ 安全报警装置　NFT 的特点决定了种植槽内的液层很浅，一旦停电或水泵出现故障而不能及时供液时，很容易因缺水导致作物萎蔫。有无纺布作槽底衬垫的番茄，在夏季条件下，停液 2h 即会萎蔫。没有无纺布衬垫的种植槽种植叶菜，停液 30min 以上叶菜即会干枯死亡。所以 NFT 系统必须配置备用电机和水泵。还要在循环系统中安装有报警装置，发生水泵失灵时能及时发出警报以便采取补救措施。

6.2.2　栽培管理

（1）种植槽处理　对于新槽来说，主要是检查各部分是否合乎要求，特别是槽底是否平顺，塑料薄膜有无破损渗漏。换茬后重新使用的槽，在使用前需注意检查有无渗漏并要彻底清洗和消毒。

（2）育苗与定植

① 大株型种植槽的育苗与定植　因 NFT 的营养液层很浅，定植时作物的根系都置于槽底，故定植的苗都需要带有固体基质或有多孔的塑料钵以锚定植株。定植时不要将固体基质块或塑料钵脱去，连苗带钵（块）一起置于槽底。大株型种植槽的三角形槽体封闭较高，故所育成的苗应有足够的高度才能定植，以便置于槽内时苗的茎叶能伸出三角形槽顶的缝以上。

② 小株型种植槽的育苗与定植　可用岩棉块或海绵块育苗。岩棉块的大小以

可旋转入定植孔，不倒卧于槽底为宜。也可用无纺布卷成方条块育苗，定植后要使育苗条块触及槽底而幼苗的茎叶伸出定植板板面之上。

（3）营养液的配制和管理

① 营养液配方的选择　由于 NFT 系统营养液的浓度和组成变化较快，因此要选择一些稳定性较好的营养液配方。

② 供液方法　NFT 的供液方法比较讲究。因为其特点是营养液的液层要很浅，不超过 2.0cm，这样浅的液层，里面含有的养分和氧气很容易被消耗到很低的程度。当营养液从槽头一端输入，流经一段相当长的路程（以限在 25m 内计）以后，许多植株吸收了其中的养分和氧气，这样从槽头的一株起，依次到槽尾的一株时，营养液中的氧气和养分已所剩不多，导致槽头与槽尾的植株生长差异很大。

NFT 在槽长超过 30m 以上，而植株又较密的情况下，要采用间歇供液法去解决根系的需氧问题。这样，NFT 的供液方法就派生为两种，即连续供液法和间歇供液法。

a. 连续供液法　NFT 的根系吸收氧气的情况可分为两个阶段，即从定植后到根垫开始形成，根系浸渍于营养液中，主要从营养液中吸收溶存氧，这是第一阶段。随着根量的增加，根垫形成后有一部分根系暴露在空气中，这样就从营养液和空气两方面吸收氧气，这是第二阶段。第二阶段出现的快慢，与供液量多少有关，供液量多时，根垫要达到较厚的程度才能暴露于空气中，从而进入第二阶段较迟。供液量少时，则很快就会进入第二阶段。第二阶段是根系获得较充足氧源的阶段，应促其尽早出现。

连续供液的供液量，可在 2～4L/min 的范围内，随作物的长势而变化。原则上昼、夜均需供液。

b. 间歇供液法　是解决 NFT 中因种植槽过长，植株过多而导致根系缺氧的有效方法。此外，在正常槽长和正常株数的情况下，间歇供液比连续供液产量也高。间歇供液法在停止供液时，根垫中大孔隙里的营养液随之流出，而通入空气，使根垫内部直至根底部都能吸收空气中的氧气，这样就增加了整个根系的吸氧量。

间歇供液开始的时期，以根垫形成初期为宜。根垫未形成（即根系较少，没有积压成一个厚层）时，间歇供液没有什么效果。

间歇供液的频率，如在槽底垫有无纺布的条件下种植番茄，夏季白天每 1h 供液 15min，停供 45min；冬季白天每 1.5h 供液 15min，停供 75min；无论是夏季还是冬季，晚上均每 2h 供液 15min，停供 105min。停止供液的时间不能太短，如小于 35min，则达不到补充氧气的作用。但也不能停得太长，太长会使作物因缺水而萎蔫。

③ 液温的管理　由于 NFT 的种植槽（特别是塑料薄膜围成的三角形槽）隔热性能差，再加上用液量少，因此液温的稳定性也差，同一个槽内容易出现头部和尾部液温有明显差别的现象。尤其是冬春季节槽的进液口与出液口之间的温差可达 6℃，使本来已经调整到适合作物要求的液温，到了槽的末端又变成明显低于作物

要求的程度。可见，NFT 中要特别注意液温的控制。

各种作物对液温的要求不同，以夏季不超过 28～30℃，冬季不低于 12～15℃
为宜。

6.2.3 特点

（1）**设施结构简单，投资较少** NFT 的种植槽是用轻质的塑料薄膜制成或
用波纹瓦拼接而成的，设施结构轻便、简单，制作或安装容易，便于拆卸，投资成
本较低。

（2）**很好地解决了根系水气矛盾** 营养液的液层较浅，作物根系部分浸在营
养液中，大部分暴露于潮湿的空气中，扩大了氧气的来源，而营养液又循环流动，
增加了溶存氧的含量，因此 NFT 可以很好地解决根系呼吸对氧气和水分的需求。

（3）**易于实现生产过程的自动化管理** 在条件允许的情况下，建造好基础设
施后，再配置一些附属设备，如定时器、电导率自控装置、pH 自控装置和营养液
温度调节装置等，则很容易实现生产的机械化、自动化管理，省工、省时、省力，
且管理精准到位。

6.2.4 评价

（1）**设施投资少，施工易，但耐用性差** NFT 的设施虽然结构简单，投资
少，施工容易，但耐用性差，后续的投资和维修工作频繁、麻烦。

（2）**解决了根系水气矛盾，但营养液性质不稳定** NFT 液层浅和间歇供液，
较好地解决了根系的需氧问题。但由于营养液量少，植物单株占液量相应也少，导
致营养液的浓度、温度、pH 等性状容易发生大幅度变化，植物根际环境稳定性
较差。

（3）**管理较麻烦，技术水平要求高** 要使管理工作既精准又不繁重，势必要
采用自动控制装置，从而需要增加设备和投资，且对管理人员的技术水平及设备的
性能要求较高，因此推广面积便受到一定的限制。

（4）**病害易传播、蔓延** NFT 由于营养液循环流动，一旦发生根系病害，较
容易在整个栽培系统中传播、蔓延。

6.3 家庭用水培技术

水培因其洁净、美观、简易等特点也适宜于家庭应用。目前适合家庭用的水培
装置主要有简易静止水培箱、家用 NFT 装置、蔬菜墙、蔬菜花卉桌等。

6.3.1 简易静止水培技术

要使水培顺利地进入千家万户，必须尽可能地简化这种栽培模式的设施结构和管理技术，家用简易静止水培技术应运而生。经多个家庭试种，1 个长×宽×深为 68cm×12cm×14cm 的塑料箱，种植 3 株番茄，生长至 4 个月，可收获果实 60 个，共重 7kg。种植结球莴苣 12 株，生长 50d，可收获产品 3.2kg。从而说明这种装置与技术是可行的。

（1）设施结构和制作方法 本装置很简单，主要由栽培容器（瓶、桶、盆、箱等）、定植板与定植杯、浮动标尺及其他一些附件组成（图 6-10）。

① 栽培容器 陶瓷、玻璃、塑料等抗腐蚀的材料制成的瓶、盆、桶、箱等都可作为栽培容器，玻璃和白色透光的塑料制品要涂漆或裹黑色塑料使其不透光，总的来说以塑料制品最方便实用。面积大小和形状不论，视家庭安放的位置而选定，但深度宜控制在 15～20cm。现以一种市面上流行的聚乙烯塑料制成的糕点箱为例，说明装置的结构与制作方法（图 6-10）。

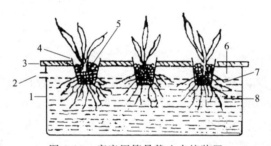

图 6-10 家庭用简易静止水培装置

1—塑料箱；2—溢水孔；3—定植板；4—定植杯；5—小石砾；6—空隙；7—液面；8—营养液

箱体规格为长×宽×深＝68cm×42cm×15cm，颜色有白、绿、蓝 3 种。宜选用绿色或蓝色不透光的，如用白色的，要在外面涂黑漆防透光，再加涂白漆使反射阳光以免过热。在箱的宽边箱口以下 3.0cm 处，开一直径为 1.0cm 的孔（溢水孔），嵌入一段长约 6.0cm 的胶管，伸出箱外 5.0cm，作排液管用。

② 定植板与定植杯 用聚苯乙烯泡沫塑料板制作定植板，其质轻且易加工，隔热性能好。面积要刚好盖住箱面。厚 2.5cm，长×宽＝68cm×42cm 的板面，可开出 12 个定植孔，孔径为 5.5cm，孔径应与定植杯的杯口直径相一致。定植杯规格与制作方法可参照 DFT 中的相关内容。

③ 浮动标尺 浮动标尺的制作方法是：取一块长×宽×厚＝4.0cm×4.0cm×2.0cm 的苯板，在中央插一支有刻度的塑料棒，用胶黏剂粘牢（图 6-11），然后放置于定植板最边角的一个定植孔中，可上下浮动以显示箱内液面的高低。

④ 附件 为了配制和管理营养液，要有一些专门用具，即 300～500mL 塑料

量杯 1 只，口径 7.0～10cm 的塑料漏斗 1 个，口径约 1.0cm、长 1.0m 的塑料软管 1 根，橡胶吸球 1 个。

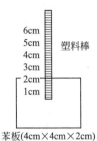

图 6-11　浮动标尺

（2）栽培管理

① 种植作物的选定　宜选种容易栽培成功的蔬菜作物，如叶用莴苣、水芹菜、空心菜、苦苣菜、番茄等，有经验后再试种其他作物。

② 育苗与定植　请参照 DFT 部分。

③ 营养液的配制　一般家庭很难按营养液标准配方来配制营养液，需要有专业厂家制成母液出售以简化此程序。现按已有的浓缩母液介绍营养液的配制，母液分 A、B、C 三种，A、B 浓缩 200 倍，C 浓缩 1000 倍。

a.营养液用量的确定　原则上开始定植时，营养液量以刚好能浸住定植杯底 1.0cm 左右为准。以上述选定的栽培箱为例，达此程度的营养液用量为 30L，应以此量推算加入的各母液量。

b.母液的加入方法　先在箱内加半箱的水，然后量取 A 母液 150mL，倒入箱内搅匀。再量取 B 母液 150mL，用 2L 水冲稀后倒入箱内搅匀。最后量取 C 母液 30mL，用 1L 水冲稀后倒入箱内，最后加水至溢水口处，搅匀，即可定植。

④ 定植后营养液的管理　这是静止水培能否成功的关键。如果用一种生理反应比较稳定的营养液配方去配制母液以供使用，营养液管理的内容则主要包括补充水分和养分两方面，省去了 pH 的调节。

a.补充水分　定植时液面刚好浸住定植杯底 1.0cm 左右，不能完全浸没，否则植物的根颈容易缺氧坏死。有溢水口的栽培箱已经限制了液面不致如此，没有溢水口保险的，就要靠浮动标尺来显示水位，加水时要小心观察，勿使过量。

随着植株不断长大，根系深入营养液中，液面也应随之下降而离开杯底，当降至栽培箱深度的 1/2 位置时（本例为 7.5cm 深，浮动标尺上可以看出），把它标记出来，以后就按这个深度维持水量。此时箱内有 1/2 是空间（约 7.5cm 深），生长于空间的根系可以呼吸到空气中的氧气。箱内也有 1/2 深的营养液量（约 7.5cm 深），可维持植株许多天吸养和吸水的需要。在 7.5cm 深的营养液范围内，可让其再下降 2.0～3.0cm 后才加水恢复到 7.5cm 的深度，这样可不必天天加水而省工。

b.补充养分　以种植莴苣为例，使用华南农业大学叶菜配方，可在生长中期加一次养分，用量为第一次用量的 1/2，即按 15L 营养液的量去推算和移取各母液。在需补充水分时，将三种母液分别用水冲稀注入箱内，并用小软管插入箱底，以橡胶吸球打气进营养液中使养分扩散均匀，这样维持到收获。收获以后，揭开定植板，拣去残根，在残存营养液的基础上，再按开始定植时一样加足水分和养分，又可进行第二茬种植，如此可连续种 4 茬。

（3）特点　深、悬、静。

即在深液层上悬挂植株进行静止水培。深液层是省工的需要，不用天天加水，甚至 10 多天不加水也可以。静止是为了省去营养液循环流动或打气的程序。简易静止水培技术实践证明是可行的，目前已有许多蔬菜如莴苣、茼蒿、鸭儿芹、蕹菜、番茄、小葱等栽培获得成功。

6.3.2　小型 NFT 装置

图 6-12 为小型 NFT 装置。将栽培槽放置在普通家用方桌上，5 个栽培槽，每个栽培槽可种植 5 株叶菜，在 $2500cm^2$ 的面积上可种植 25 株叶菜。营养液贮存于黑色带盖塑料盒内，盒里有一个小型潜水泵，与黑色供液管相连，每一个栽培槽通入一根供液软管供液。桌子沿栽培槽的长向垫起，呈轻微的坡度，抽上来的营养液因重力作用由供液端流向回液端，再经白色回液管流回营养液盒。封闭式水培不会对环境造成污染，也保持了庭院的清洁。用户可以购买整套装置，或仅购买栽培槽及循环装置，营养液盒用带盖的塑料桶或其他类似容器替代。将潜水泵与一台定时器相连，可实现定时定量供液。

图 6-12　家庭用 NFT 装置

6.4　立体管道水培技术

在目前休闲观光农业和家庭阳台农业中，蔬菜、花卉无土栽培是一个非常引人注目的亮点。无土栽培模式虽然已经有很多，但比较适合休闲农业应用的当属立体管道水培技术。蔬菜、花卉的立体管道水培技术不仅可以大幅度提升空间利用率，节水省肥，优质、高产，而且还具备较强的观光价值。因此，立体管道水培技术在休闲农业和阳台农业上日益得到重视和发展。

国内现有的多数立体管道水培设施虽然观赏价值很高，适用于休闲观光农业，但往往结构过于复杂，造价十分昂贵，个人一般承担不起。如将其结构进一步简化，组配更加容易，必能大幅度降低制作成本，亦使立体管道水培技术更利于推广和普及。

6.4.1 设施结构和制作方法

(1) 制作栽培架 准备好 $\phi 4.0cm$ 的 PVC 管、$\phi 5.0cm$ 的 PVC 管、PVC 胶、三通、弯头等材料，按照设计图纸，用 PVC 胶可粘接成不同类型立体管道水培的栽培架（彩图 6-1～彩图 6-4）。

(2) 安装管道 栽培架制作好之后，以 $\phi 11.0cm$（$\phi 9.0cm$）的 PVC 管、异径接头、$\phi 4.0cm$ 的 PVC 管为主要材料，用 PVC 胶粘接成各种循环管道，安放在栽培架上，即成不同模式的中、小型立体管道水培设施（彩图 6-5～彩图 6-8）。

6.4.2 栽培范围与效果

上述管道水培设施适合于种植绝大多数叶菜类蔬菜，如莴苣、苦苣菜、西芹、本芹、叶用甜菜、油菜、京水菜、油麦菜、小白菜、苋菜等，不仅栽培效果良好，而且具备很高的观赏价值（彩图 6-9～彩图 6-12）。

6.5 立柱叠盆式水培技术

立柱叠盆式水培结合平面深液流栽培，不仅可以节省空间，增加产量，提高经济效益，还可以展示其观赏性，成为发展旅游休闲农业的一项重要技术。

6.5.1 设施结构

立柱叠盆式水培设施主要由贮液池、水培槽、栽培立柱、循环供液系统等几部分组成。

(1) 贮液池 容积按每株叶菜类蔬菜如苦苣菜占 1L 营养液计算，每亩的水培面积需要一个能盛装 20～25t 营养液的贮液池。池底及四周由混凝土、水泥砂浆砖砌而成，用高标号耐腐蚀水泥砂浆抹面，并在贮液池内壁涂抹防水材料，以防止营养液渗漏。池口要高出地面 20cm 左右，并加以覆盖，避免混入杂物。

(2) 水培槽 水培槽用作漂浮水培，一般宽为 100～120cm，深 15～20cm，长度视温室的空间而定，坡降为 1：100，槽间距 48～60cm。先将地面整平、夯实，槽底铺 5.0cm 厚水泥混凝土，槽底及四周边框用砖、水泥砂浆砌成，再用高标号水泥砂浆抹面，在槽的低端预埋营养液回流管。槽内铺1层黑色塑料，以防营养液渗漏和稳定其pH。定植板采用高密度聚苯乙烯泡沫塑料板，规格为长×宽×厚＝200cm×100cm×2.5cm，按15cm×20cm的株行距在其上打孔（锥形定植孔，直径2.0cm），然后漂浮在槽内的营养液中（彩图6-13）。

(3) 栽培立柱 由塑料圆形底座、镀锌铁管（直径2.5cm、高2.0m）和硬质塑料盆三部分构成。塑料圆形底座直径14.5cm，沿槽长方向分两排平放在水培槽内，镀锌铁管竖插在底座的圆形凹穴（直径3.0cm、深2.0cm）内，10～12个塑料盆套在铁管上，上下垛叠，互相嵌合成一个整体（栽培立柱）。立柱上端固定在空中拉直的8号铁丝上，两排立柱行距70～90cm，每排立柱前后两个间距1.0m。镀锌铁管上部装有淋头，每个立柱的淋头通过供液毛管串联在一起，成一直行（彩图6-14）。

(4) 循环供液系统 循环供液系统包括供液、回流系统两部分。供液系统由水泵、压力表、过滤器、供液主管、阀门、供液支管、供液毛管和淋头构成。主管为直径4.0～5.0cm的硬质PVC管，固定在温室内空中的框架上。支管为直径2.5～3.0cm的硬质PVC管，横走于每排立柱的前端。毛管为直径1.6cm的软质PE管，一端与支管相接，中部则分段与安装在立柱铁管顶部的滴液淋头相连，末端反折后扎牢。回流系统由各栽培槽的回流支管（直径5.0cm PVC管）、阀门及回流主管（直径9.0cm PVC管，坡降1∶50）构成。

6.5.2 栽培管理

以种植叶用莴苣为例，采用立柱叠盆式水培技术生产莴苣，不仅可以大幅度提高温室空间利用率，增加单位面积产量2～3倍，还具有一定的观赏价值、较高的经济和社会效益。

(1) 栽培季节和品种选择

① 栽培季节 日光温室从第一年9月至次年4月均可种植莴苣。

② 品种选择 目前，立柱水培一般选用皱叶莴苣，如软尾莴苣、玻璃生菜、红叶生菜、长叶生菜、奶油生菜、意大利莴苣、美国大速生等。

(2) 育苗和移栽

① 育苗 采用育苗畦育苗。畦宽1.2～1.5m，长6.0m，深10～15cm。基质可用草炭∶蛭石＝2∶1或草炭∶珍珠岩∶蛭石＝3∶1∶1的复合基质，每立方米基质中混入复合肥0.5～1.0kg。播前将基质浇透水，待水渗下后开沟条播，沟距8.0～10cm，播种深度不宜超过1.0cm。低温季节，应搭盖塑料小拱棚，以保温保湿。

苗龄：春、秋为30d，冬季为40d，当幼苗达5片真叶时移栽。

② 移栽 把莴苣适龄苗小心挖出，置于多菌灵800倍液中消毒10min，然后

用清水洗净其上残余药剂和基质，将幼苗移入定植杯中，使其根系在定植杯底部伸出，随即将定植杯放入立柱盆钵及定植板的定植孔中。注意水培槽和立柱上的盆钵要事先盛满营养液。立柱盆式栽培莴苣，在其定植后营养生长期，需要提苗1～2次，即定植缓苗后，待水生根形成及植株长到8～9片叶时，进行第1次提苗，中期再提苗1次，最后使其根颈部位与定植杯沿口平齐，以利于莴苣生长和采收。

（3）营养液管理

① 配方　采用改进型营养液配方（单位：mg/L）：四水硝酸钙236、硝酸钾454、磷酸二氢钾68、七水硫酸镁123，不加微量元素。pH调整为6.8。

② 浓度调整　定植初期，采用配方的0.5个剂量，进入旺盛生长期提高到1.0个剂量，以后根据长势可再增加至1.5个剂量。

③ 供液方式　采用间歇循环式供液。定植初期，为促进生根缓苗，每天白天供液三次，每次20～30min。进入旺盛生长期，每天白天上、下午各循环一次，每次20～30min。夜间不供液。

（4）采收　待植株长到15～17片真叶，心叶稍向侧偏卷，株重200g左右时，即可采收。可一次性整株采收或连续掰叶采收。

关键技术 6-1　水培槽建造及定植板、定植杯制作技术

水培槽建造原理同基质槽，只是定植板和定植杯的制作是专门用于固定植株和保持根系与槽内营养液暗环境的。

1.1　技能训练目标

水培槽规格设计合理、科学；施工易、成本低；定植板和定植杯选材得当，制作简易，符合要求。

1.2　材料与用具

塑料薄膜（厚度0.1～0.2mm）、红砖、直尺、卷尺、测角仪（坡度仪）、铁锹、铁耙、剪子、苯板（厚3.0cm）、铁钳、酒精灯、铁丝、小饮料瓶、彩色粉笔、钢锯等。

1.3　方法与步骤

1.3.1　水培槽建造

① 用铁锹和铁耙平整地面并压实。

② 预先按设计图，借助卷尺、直尺测量好每个槽的位置，然后用红砖砌成临时水培槽。槽宽96～120cm，槽深15～20cm，槽长15～20m，槽间距50cm。坡降一般为（1∶75）～（1∶100）。DFT水培槽亦可无坡降，根据实际情况而定。

③ 水培槽内的位置偏低端埋设一段回流管，高度与秧苗定植后液面设定高度相齐。或者在DFT水培槽底预先埋设回流管，管口嵌一段橡胶管，可长可短，以调节水培槽内液面高度。

④ 槽底及槽壁内衬塑料薄膜，槽壁内侧塑料薄膜外折并压在最上层砖下，上覆定植板。至此水培槽建好。

⑤ 水培槽用次氯酸钙溶液消毒、清水彻底清洗后待用。

1.3.2　定植板制作

将市售苯板（厚度为 3.0cm，要求质地致密）裁剪成多块定植板，宽度大于水培槽宽 10cm。按作物的株行距要求，在定植板上钻出若干个定植孔，孔径为 5.0~6.0cm，果菜类蔬菜和叶菜类蔬菜可通用。

1.3.3　定植杯制作

收集已喝完饮料的小饮料瓶制作定植杯（也可购买成型定植杯）。杯高 7.5~8.0cm，杯口直径与定植孔相同，杯口外沿有一圈宽 5.0mm 的边（杯沿要略硬些），用以卡在定植孔上，不致掉进槽中。用烧红的铁丝在杯的下半部及底部均匀烫出一个个小孔，孔径 3.0~5.0mm，至此一个定植杯就做好了。

1.4　技能要求

① 按照规格要求建造水培槽且布局合理。

② 地面要整平压实，一般要求坡降（1∶75）~（1∶100）。

③ 槽内薄膜要求平整、无皱折、无破损之处。

④ 定植板裁剪尺寸准确、经济适用。

⑤ 定植杯上定植孔孔径符合要求，分布均匀。

1.5　技能考核与思考题

1.5.1　技能考核

设计、建造一个简易水培槽；自行制作定植板和定植杯。

1.5.2　思考题

① 能否用塑料饮料瓶或其他容器设计一个立体水培装置？

② 总结 DFT 和 NFT 的优缺点。

果菜类蔬菜、水果无土栽培

7.1 南美香艳茄

香艳茄（*Solanum muricatum* Aiton.）又名香艳梨、人参果，为茄科（Solanaceae）茄属（*Solanum* L.）多年生草本植物，原产于南美洲安第斯山北麓的秘鲁。新西兰、澳大利亚和日本多有栽培。我国华南植物园最早于1985年由新西兰引入，当时称为"稀世珍果""生命火种""抗癌之王"等。

香艳茄以果肉为食用部分。其浆果成熟后清香爽甜，柔软多汁，营养丰富。每100g鲜果中含蛋白质0.29g、粗脂肪0.3g、维生素C 30～50mg、糖5.91g，并含有多种氨基酸和矿物质，特别是钙的含量相当高，其营养成分对高血压和糖尿病患者大有好处。香艳茄能以绿熟果、红熟果作蔬菜凉拌、熬汤、炒食用，也可以以红熟果去皮作水果生食，清香、甜美。还可以加工成果酱、果汁、罐头等。由于香艳茄果实色泽艳丽，因而亦可作观赏植物栽培，市场前景广阔。

7.1.1 生物学特性

（1）植物学特征 香艳茄根系发达，茎分枝力强，表面具不规则的棱，株高80～100cm。叶片绿色，长卵形，长12～15cm，宽4.0～6.0cm。聚伞花序，由10～20朵小花构成，花冠白色或浅紫色，每个花序可坐果1～6个。果实为浆果，椭圆形或长椭圆形，嫩果绿色或黄绿色，间有紫色条纹。成熟果紫色、黄色带深紫色花纹。单果重200～500g。单果结种子20～100粒，千粒重0.8～1.2g。

（2）生育周期

① 发芽期 从播种到第一片真叶破心。适温25～30℃下，一般需要7～15d。

② 幼苗期 从第一片真叶破心至第一花序现蕾。需 60～70d。

③ 开花结果期 从第一花序现蕾到采收结束。短的需 3～4 个月，长的可达 2 年。

(3) 对环境条件的要求 香艳茄喜温暖凉爽气候，在 15～30℃条件下均生长良好，生育适温昼为 20～26℃，夜为 8～15℃。8℃以下不能正常结果，0℃会发生冻害。温度高于 30℃，植物生长不良，只开花不结果。根际适温为 28℃。对基质湿度要求较高，为 60%～80%，空气湿度为 70%～80%，基质干旱，空气干燥不利于生长。光饱和点为 40klx，光补偿点为 2klx，属长日照植物。

7.1.2 品种选择

可供选择的品种有：

(1) 阿斯卡 幼果绿色，成熟果有深紫色条纹，果长卵形或椭圆形，结果率高。单果重 200g，最大 500g。单株结果可达 40 个。耐高温，生长势强，果肉适于加工。

(2) 大紫 果椭圆形，幼果有明显紫色花纹，成熟后花纹不明显，果面大部分为紫色。单果重 150～200g，最大 450g。单株结果 35 个。适应性强。

(3) 长丽 幼果绿色，长卵形，成熟果有明显的紫色条纹，单果重 100～150g，最大 250g。单株可结果 50 个，抗性强。

7.1.3 基质槽培技术

栽培槽的规格与建造方法请参照第 5 章固体基质培技术。

(1) 育苗和定植 采用塑料钵播种育苗。播种后白天温度保持在 25～30℃，夜间 18～20℃，5～7d 可出齐苗。苗龄 2～3 个月。也可剪取侧枝进行扦插育苗，扦插育苗的苗龄一般为 20～40d。

定植时株行距为 50cm×70cm，每槽栽 2 行。当株高 30～40cm 时，开始吊蔓、绕蔓。

(2) 营养液管理 可选用日本山崎茄子营养液配方或华南农业大学果菜类营养液配方。

定植初期，用标准配方的 1 个剂量，进入开花期后提高到 1.5 个剂量，到结果盛期，再提高到标准配方的 1.8～2.0 个剂量。

(3) 植株调整

① 整枝 香艳茄的整枝方式有三种，单蔓整枝、双蔓整枝和三蔓整枝。无土栽培一般采用双蔓整枝方式。当株高 20cm 以上时，在 15～20cm 以上部位除主枝外，再选留 1～2 条健壮侧枝，其余侧枝及时摘除。

② 疏花、疏果 第一个花序尽早除去，以促进营养生长。第二个花序留果，

第三个花序除去，第四个花序留果，每个花序留果 3~5 个。也可以每个花序均保留果实，但每个花序只留果 2 个。白色花不完全，不能正常授粉结果，应及时疏去。

(4) 采收 20℃左右适温条件下，一般花后 80~90d，高温季节，花后 50~60d，当果实已充分转色时即可采收。成熟前果实先出现紫色条纹（彩纹香艳茄），成熟时果皮、果肉呈淡黄色，采收时留果梗 0.5~1.0cm。

采收后依大小不同将香艳茄分组，分别装入不同规格的吸塑盒中，然后再集中装入纸盒内。

7.2 五彩椒

五彩椒（*Capsicum annuum*）又名彩椒，是甜椒的一种，为茄科辣椒属草本植物。单果重可达 200~400g，果肉厚 5~7mm。果皮光滑、形状周正、色泽鲜艳。颜色有红色、黄色、橙色、紫色、白色和绿色等。

五彩椒营养价值很高，口感甜脆，可生食，熟食，也可作为宾馆、酒楼的高档配菜，而且还有较高的观赏性，是发展观光农业的首选蔬菜品种之一。

7.2.1 生物学特性

(1) 植物学特征

① 根　直根系，浅根性，主要根群入土深度为 10~15cm。根的再生能力差。

② 茎　直立，假二叉或假三叉分枝，株高 30~50cm。

③ 叶　叶为单叶，卵圆形、长卵圆形或披针形，互生。

④ 花　两性花，白或紫色，单生或簇生，常异花授粉。常异花授粉是指天然杂交率在 5%~20% 之间，如棉花、辣椒、高粱、甘蓝型油菜等。五彩椒的天然杂交率为 10%，因此属于常异花授粉植物。

⑤ 果实　浆果，青果果皮呈深浅不同的绿色，少数品种为白色、黄色或绛紫色，老熟果果皮转为橙黄、红或紫红色。果实多形，通常有扁圆形、圆球形、灯笼形和近四方形等。

⑥ 种子　扁平肾形，略大具光泽，黄白色，千粒重 6~7g。

(2) 生育周期

① 发芽期　从种子萌动到两片子叶展开，第一片真叶吐心。适温条件下需 7d 左右。

② 幼苗期　从第一片真叶吐心至门花（第一朵花）现蕾。一般需 75~80d。

③ 始花坐果期　从门花现蕾到门椒（第一个辣椒）坐住。需15d左右。

④ 结果期　从门椒坐住直到采收结束。需45～60d。

(3) 对环境条件的要求

① 温度　辣椒属喜温蔬菜，种子发芽最适温为28～30℃，但在此温度下，发芽速度比番茄、茄子慢，需3～4d，在15℃时发芽更慢，需15d左右。幼苗期最适昼温为25～27℃，夜温为17～18℃。结果期最适昼温为27～28℃，夜温为18～20℃。根际适宜温度为17～22℃。

② 光照　辣椒对光照要求因生育期而不同。种子在黑暗条件下容易出芽，而幼苗生长时期，则需要良好的光照条件，光饱和点为30～40klx，补偿点为1.5～2.0klx。在弱光下，幼苗节间伸长，含水量增加，叶薄、色淡，适应性差；在强光下幼苗节间短粗，叶厚色深，适应性强。

③ 湿度　辣椒是茄果类作物中不耐干旱的类型。一般大果型品种的需水量较大，小果型品种的需水量较小。幼苗期时，空气湿度过大，容易引起病害。花期湿度过大会造成落花。盛果期空气过于干燥，也会造成落花落果。适宜空间湿度为60%～70%，基质湿度为70%～80%。

④ pH　基质适宜的pH为5.5～6.8。

7.2.2　栽培季节和品种选择

(1) 栽培季节　无土栽培五彩椒一般有两种茬口类型，一种是一年两茬制，即春彩椒和秋彩椒。春彩椒在当年的1～2月份播种育苗，2～3月份定植，6～7月份采收。秋彩椒在当年的7～8月份播种育苗，8～9月份定植，10月至翌年的2月份采收。另一种是一年一茬制，在当年的8～9月份播种育苗，9～10月份定植，12月份至翌年的5月份采收。

(2) 品种选择　五彩椒大部分品种是由欧美等国家育成的。目前国内主要的优良品种有以色列海泽拉公司培育的麦卡比红色彩椒、考曼奇黄色彩椒，先正达公司的方舟（红色）、黄欧宝（黄色）、紫贵人（紫色）、新蒙德（红色）、桔西亚（橘黄色）等品种。

7.2.3　基质袋培技术

(1) 播种育苗

① 育苗容器　可用塑料穴盘或塑料钵育苗。

② 育苗基质　现有三种复合基质配方供参考：珍珠岩∶草炭=1∶3，蛭石∶草炭=1∶3和珍珠岩∶蛭石∶草炭=1∶1∶3。

③ 种子处理　用50～55℃热水浸种15min，再降至30℃浸种6h，即可杀灭大多数病菌。按常规方法催芽，大多数种子4～7d可以发芽。

④ 播种　播后覆基质 1.0～2.0cm 厚。冬季温度低，可搭小拱棚或地面覆盖。

⑤ 苗期管理

a. 温度管理　出苗前，昼夜温度保持在 28～30℃。出苗后，昼 20～25℃，夜 10～15℃左右。

b. 湿度管理　基质湿度维持在 70%～80%，空间湿度保持在 60%。

c. 营养液管理　配方选择：日本山崎甜椒营养液配方。

浓度调整和供液次数：当幼苗子叶完全展开后喷施 1/3 剂量的营养液，1 次/d。当长出 2 片真叶后，改用 1/2 剂量的营养液，1～2 次/d。随着幼苗的生长，逐渐增加至 1 个剂量，2 次/d。

⑥ 壮苗标准　五彩椒的适龄壮苗为苗龄 80～90d、株高 20～25cm、叶数 9～12 片、花蕾应多数现蕾。

（2）定植

① 组配基质、装袋　以珍珠岩：蛭石：草炭＝1：1：2 配制复合基质，经甲醛溶液消毒后制作好栽培袋。

② 定植密度　整平温室地面，按行距 1.0m 摆放栽培袋，然后定植，株距 40cm。注意定植时苗坨要与基质表面持平。

为有利于缓苗，一般在下午高温期过后定植。

（3）定植后管理

① 温度管理　缓苗前一般不进行通风换气，温度保持在 30℃左右，不能高于 35℃。缓苗后昼夜温度均较缓苗前低 2～3℃，以促进根部扩展，一般昼温保持在 25～30℃。结果期白天保持 27～28℃，夜间 18～20℃，温度过高或过低都会导致畸形果的产生。

② 湿度管理　基质湿度以 70%～80% 为宜，空气湿度保持在 60%～70%，防止空气高湿，否则不利于五彩椒幼苗生长，容易感病。

③ 光照管理　甜椒怕强光，喜散射光，对日照长短要求不严格。中午阳光充足且温度高的天气，可利用遮阳网进行遮阳降温。

④ 营养液管理　营养液以日本山崎甜椒配方为依据，根据当地水质特点作适当调整。pH 在 6.0～6.3 之间。门椒开花后，营养液应加到 1.2～1.5 个剂量。对椒坐住后，营养液剂量可提高到 2.0 个剂量，并加入 30mg/L 的磷酸二氢钾，注意调节营养生长与生殖生长的平衡。如果营养生长过旺可降低硝酸钾的用量，营养液加进硫酸钾以补充减少的钾量，调整用量不能超过 100mg/L。在收获中后期，可用营养液正常浓度的铁和微量元素进行叶面喷施，以补充铁和其他微量元素的量，每 15d 喷一次。

⑤ 植株调整　五彩椒分枝能力强，开花前要进行整枝，通常采用双蔓整枝或三蔓整枝，其他长出的侧枝要及时抹掉，以免消耗营养。当植株达到 30cm 高时，采用耐老化的玻璃丝绳吊蔓并绕蔓，一般每 2～3d 绕 1 次。在五彩椒生长过程中要

及时疏花疏果，以集中营养供给，保证正品率。门椒尽早摘掉，保留"对椒""四门斗椒"及"八面风椒"（图7-1），每株留3～4层果，每层留2～3个果，一株保果十几个。植株基部的老叶、病叶应及时摘除。

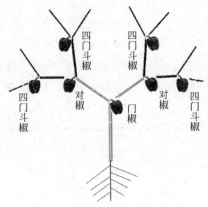

图 7-1　五彩椒不同部位果实的名称

（4）采收　应做到适时采收，以利于提高产量和品质。当果实已充分膨大，颜色变为本品种特色，果皮光洁发亮时即可采收。平均单果重可达100～150g。

7.3 甜瓜

甜瓜（*Cucumis melo* L.）又名香瓜，为葫芦科（Cucurbitaceae）黄瓜属（*Cucumis*）一年生蔓性草本植物，有厚皮和薄皮两个生态群。甜瓜色、香、味俱佳，含糖量比西瓜高，有的品种高达18%。还含有芳香物质、多种维生素及矿物质。多食甜瓜，有利于人体心脏、肝脏以及肠道系统的活动，促进内分泌和造血机能。

甜瓜用无土栽培，可以周年生产，四季供应。

7.3.1　生物学特性

（1）植物学特征

① 根　直根系，浅根性，主根入土深度达40～60cm，但大多数根群入土深度仅为15～25cm，根的再生性差。

② 茎　茎为蔓生、中空，分枝力强，能发生较多的子蔓和孙蔓。

③ 叶　单叶，互生，圆形或肾形。厚皮甜瓜较薄皮甜瓜叶片大，叶色淡而平展。

④ 花　花为雌雄同株，雄花单性，大部分品种为雌型两性花。花冠黄色，钟状五裂。

⑤ 果实　果实为瓠果，圆或椭圆形，由花托和子房共同发育而成。

⑥ 种子　扁平披针形，灰白或黄色。千粒重薄皮甜瓜 15～20g，厚皮甜瓜 30～60g。

（2）生育周期

① 发芽期　从播种至子叶展平，第 1 片真叶显露，需 7～10d。

② 幼苗期　从第 1 片真叶显露至第 5～6 片真叶出现，需 25～30d。

③ 抽蔓期　从第 5～6 片真叶出现到第 1 朵雌花开放，需 20～25d。

④ 结瓜期　从第 1 朵雌花开放到拉秧，早熟品种需 20～40d，晚熟品种需 70～80d。

（3）对环境条件的要求

① 温度　甜瓜喜温、耐热、极不耐寒，遇霜即死，10℃以下就停止生长。种子发芽适温为 25～35℃，30℃左右发芽最快。幼苗期及茎叶生长以昼温 25～30℃，夜温 16～18℃为宜。开花结瓜期最适昼温 25～30℃，夜温 15～18℃。

② 光照　甜瓜是喜光作物，通常要求每天 10～12h 的长光照。光补偿点为 4000lx，饱和点为 55000lx。

③ 水分　甜瓜性喜干燥，空间相对湿度在 50%～60% 以下为好，基质适宜湿度为 60%～70%。在果实膨大期，基质中水分不能过低，以免影响果实膨大。果实成熟期，基质湿度宜低，但不能过低，否则易发生裂果。

④ pH　甜瓜根系适宜的 pH 为 6.0～7.0。

7.3.2　栽培季节和品种选择

（1）栽培季节　在我国南、北方普遍可以进行春、秋季节栽培，春季栽培于 1～2 月份播种育苗，2～3 月份定植，6～7 月份采收。秋季栽培于 6～7 月份播种育苗，7～8 月份定植，9～10 月份采收。北方也可加一茬夏季栽培，如有加温条件，也可增加一茬越冬栽培。

（2）品种选择　可选择厚皮甜瓜类型，品种有兰州的白兰瓜、黄河蜜、醉瓜，巴盟的华莱士，新疆的可口奇、蜜极甘和日本的伊丽莎白 239 等。也可选择薄皮甜瓜类型，品种有虎皮脆、灯楼红、白沙蜜、华南 108 等。

7.3.3　复合基质槽培技术

甜瓜无土栽培可采用水培（营养液）和基质栽培。基质培管理技术比水培容易，采用砖槽式、袋式、盆钵式等形式进行甜瓜基质栽培，效果也较好。这里主要介绍甜瓜的复合基质槽培技术。

（1）栽培槽与栽培基质　栽培槽宽 72～96cm，深 20～25cm，长度视温室跨度而定。栽培槽底平铺一层带有排水孔的塑料。栽培基质按体积比选用珍珠岩∶蛭石∶草炭＝1∶2∶3，混配均匀消毒后，填入栽培槽中，基质略低于栽培槽，表面做成龟背形，上铺一层黑色塑料薄膜，定植前将基质浇透水。

（2）育苗和定植

① 播种　采用塑料钵育苗。把精选的种子用温汤浸种 15min，再用 0.1％高锰酸钾消毒 30min。捞出用清水冲洗，继续浸种 4～6h，然后置于 30℃恒温下催芽。当 80％芽长至 0.5cm 时，选择晴天上午播种到装好基质的塑料钵中，播完后覆一层薄膜保温保湿。

② 苗期管理

a. 温度管理　从播种到出苗，白天保持 30℃左右，夜间不低于 20℃。子叶破土后，应取掉地膜降温，白天 25℃左右，夜间 13～15℃。定植前 10d 进行通风炼苗。

b. 水分管理　基质湿度要达到 60％～70％，空间湿度 70％～80％。以上午浇水最好。

c. 矮化促瓜　在幼苗 2 叶 1 心期时喷施 100mg/L 的乙烯利溶液可促进甜瓜雌花的形成。

③ 定植　当甜瓜幼苗具 3～4 片真叶时即可定植，采用双行定植。注意保护根系完整和不受伤害。定植密度依品种、栽培地区、栽培季节和整枝形式而有所不同，一般控制在每亩定植 1500～1800 株。

（3）营养液管理

① 配方　选用日本山崎甜瓜营养液配方。

② 浓度调整　苗期 1.0mS/cm，定植至开花期 2.0mS/cm，果实膨大期 2.5mS/cm，成熟期至采收期 2.8mS/cm。

③ 供液次数　一般幼苗期每 1～2d 供液 1 次，成龄期每天供液 1～2 次，每次供液量根据植株大小从每株 0.5L 到 2L 不等，原则上是植株不缺素，不发生萎蔫，基质水分不饱和。晴天可适当降低营养液的浓度，阴雨天和低温季节可适当提高营养液的浓度。

④ pH　薄皮甜瓜生长的适宜 pH 为 6.0～6.8，厚皮甜瓜为 7.0～7.5。一般将营养液的 pH 调节到 6.0～7.0 均可栽培这两种类型的甜瓜。

（4）环境调控　定植后 1 周内应维持较高的环境温度，白天在 30℃左右，夜间在 18～20℃。开花坐果期白天温度控制在 25～28℃，夜间在 15～18℃。果实膨大期白天温度控制在 28～32℃，夜间在 15～18℃，保持 13～15℃的昼夜温差至果实采收。整个生长过程要保持较高的光照强度，特别是在坐果期、果实膨大期和成熟期。在保温的同时加强通风换气，环境湿度应控制在 50％～60％。总体上在甜瓜生育期中，环境调控应以"增温、降湿、通风、透光"为准。

（5）植株调整

① 整枝方式　设施无土栽培甜瓜，多采用单蔓整枝的方式。单蔓整枝有两种操作方法，一种是以母蔓作为主蔓的单蔓整枝，另一种是以子蔓作为主蔓的单蔓整枝。具体操作如下：

a.以母蔓作为主蔓的单蔓整枝　在母蔓的第 14～16 节留瓜，将其他子蔓及时打掉。主蔓长至 22～28 片叶摘心（图 7-2）。

b.以子蔓作为主蔓的单蔓整枝　在母蔓 4～5 叶时摘心，促发子蔓。将子蔓 10 节以下的孙蔓全部打掉，选留第 11～15 节的孙蔓结瓜。子蔓长至 22～28 片叶摘心（图 7-3）。

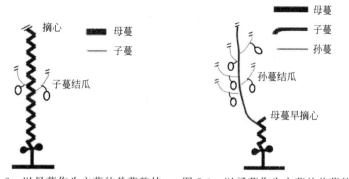

图 7-2　以母蔓作为主蔓的单蔓整枝　　图 7-3　以子蔓作为主蔓的单蔓整枝

② 授粉　甜瓜坐果性差，需人工辅助授粉。摘取当日开放的雄花，去掉花被，露出花药，将花粉涂抹到雌花的柱头上即可。授粉时间通常为上午 9～11 时，一朵雄花可给 2～3 朵雌花授粉。

此外，也可在棚内人工放蜂，进行辅助授粉。

③ 疏叶留果　及早疏去基部老叶以利于通风透光。当幼瓜有鸡蛋大小时应及时定瓜。选留节位适中，瓜形周正，无病虫害的幼瓜。留瓜有单层留瓜和双层留瓜两种方式，单层留瓜一般在主蔓的第 11 至第 15 节留瓜，双层留瓜则在主蔓的第 11 至第 15 节、第 20 至第 25 节各留一层瓜。一般小果型品种每株每层可留 2 个瓜，大果型品种留 1 个瓜。

④ 吊瓜　当幼瓜达 0.5kg（直径为 5～7cm）时，开始吊瓜。可用网将瓜托住，或用绳将果柄与侧蔓相交处用活结将瓜吊到温室顶部的铁丝上，以防止果实成熟时脱落碰坏。

（6）采收　甜瓜的品质与果实成熟度密切相关，采收过早，则糖度低、香味不足。但采收过晚，果肉变软，风味欠佳，也降低食用价值。甜瓜适宜的采收期主要需考虑采收时间、采收标准和采收方法。

① 时间　近运近销：在十分成熟时采收。外运远销：在成熟前 3～4d、成熟度

八九分时采收。具体时间为早晨或下午。早晨采收的瓜含水量高，不耐运输，故远运的瓜宜于在午后 1～3 时采收。

② 标准 瓜梗附近的茸毛脱落；瓜顶（脐部）变软，有香气；瓜蒂周围形成离层，产生裂纹；瓜变轻，网纹突出等。

③ 方法 用剪刀将果柄两侧分别留 5.0cm 左右的子蔓剪下，剪下的瓜其果柄和子蔓呈"T"字形，使果实外形美观。

7.4 香蕉西葫芦

近些年来从以色列、韩国引进一种西葫芦，外形似香蕉，果皮为黄色，是美洲南瓜中的一个新品种，称为香蕉西葫芦。以食用嫩果为主，嫩果肉质细嫩，味微甜清香，适于生食，也可炒食或做馅，其嫩茎梢也可菜用。香蕉西葫芦是特菜中的佼佼者，很受市场欢迎。经常食用能预防糖尿病、高血压以及肝、肾的一些疾病，还具有防癌和美容的功效。

7.4.1 生物学特性

(1) 植物学特征

① 根 直根系，主根入土深可达 60cm，产生侧根能力较强。主要根群入土深 15～30cm。再生性差。

② 茎 为蔓性或半蔓性，五棱，中空，长 3.0～5.0m。

③ 叶 单叶，掌状五裂，互生，浓绿或鲜绿色。

④ 花 单性，雌雄同株异花，花冠淡黄色至深黄色。

⑤ 果实 形状为香蕉形。

⑥ 种子 扁平、椭圆形，白色或淡黄色。千粒重 150～200g。

(2) 生育周期

① 发芽期 从种子萌动至第 1 片真叶显露，需 8～10d。

② 幼苗期 从第 1 片真叶开始吐出至具有 5 片真叶，还未抽出卷须，需 25～30d。

③ 抽蔓期 从第 5 片真叶展开至第 1 雌花开放，植株从直立生长变为匍匐生长，需 10～15d。

④ 结瓜期 从第 1 雌花开放至果实成熟，需 50～70d。

(3) 对环境条件的要求

① 温度 香蕉西葫芦在瓜类蔬菜中是比较耐低温的，经过锻炼的幼苗可以忍

受短时间 0℃低温。种子发芽适温为 28～30℃，15℃以下发芽缓慢。营养生长期适宜昼温为 18～25℃，夜温为 12～16℃。开花结瓜期适宜昼温为 22～25℃，夜温为 10～12℃。根际温度范围为 15～25℃。

② 光照　属短日照作物，低温短日照有利于增加雌花数，降低坐果节位。光补偿点为 1500lx，光饱和点为 45000lx。如果进行秋季栽培，由于高温长日照，植株初期生长瘦弱，雌花坐果节位高，并且隔几个节才出现一个瓜，所以不容易获得高产。

③ 水分　香蕉西葫芦根系较大，具有较强的吸水和抗旱能力，但由于其叶片大，蒸腾作用强，仍要求较多水分。基质适宜湿度为 70%～80%，空气湿度以 45%～55% 为宜。但是在结瓜前，水分不宜过多，否则容易引起茎叶徒长，严重影响正常结瓜和产量。膨瓜期需水量大，必须加强水分管理。雌花开花时，若空气湿度过大，会影响正常授粉，导致化瓜现象发生。

④ pH　香蕉西葫芦根系适宜的 pH 为 5.5～6.8。

7.4.2　栽培技术

(1) 无土栽培方式　香蕉西葫芦无土栽培方式与甜瓜相同，可以采用岩棉培或其他基质栽培方式，这样有利于水分的控制和管理。

(2) 品种选择　金蜡烛西葫芦、薄皮金黄色西葫芦、黄金果美洲南瓜、金珊瑚西葫芦、韩国金皮西葫芦和以色列金皮西葫芦等品种的香蕉西葫芦均可供选用。

(3) 育苗和定植

① 浸种催芽　将种子倒入清洁的盆中，加入 70～75℃ 的水，并不停地朝一个方向搅动，至水温降至 30℃ 左右，继续浸泡 4～6h，边浸泡，边清洗种皮上的黏液，捞出后控去多余的水分，晾至种皮发干，用干净湿布包好进行催芽。

催芽温度为 28～30℃，催芽时水分过多容易发生烂芽，所以催芽时每天用清水冲洗 1～2 次，洗后晾至种皮发干，再继续催芽 3～4d，大部分种子露白时即可播种。

② 播种育苗　香蕉西葫芦的育苗方式也采用岩棉育苗或其他基质育苗，育苗方法同甜瓜。出苗前温度保持在 25～30℃，3～4d 即可出齐苗。出苗后温度昼保持在 20～25℃，夜 10～15℃。要防止光照不足或夜间高温造成徒长苗。

③ 定植　香蕉西葫芦苗龄一般是 30～35d，4 叶 1 心时可定植。壮苗标准为株高 10cm，茎粗 0.5cm，具 3～4 片叶。每槽定植 2 行，株距 45～50cm。

(4) 定植后管理

① 植株调整

a.吊、绕蔓　定植缓苗后，用撕裂绳将秧子吊起，即在瓜行的上方拉一道南北向的铁丝，每个瓜秧用一条绳，绳的下部固定在植株基部，另一端系在顶部的铁丝上，随着瓜秧的生长，将瓜蔓绕于绳上。

b.授粉　香蕉西葫芦定植后大约 1 个月就会开花。香蕉西葫芦为雌雄异株，虫媒花，单性结实能力差，要用 20～30mg/L 的 2,4-D 溶液蘸花。也可以人工授粉，人工授粉的方法是上午 9 时以前，把当日新开的雄花撕掉花瓣，将雄蕊的花药轻触一下雌花柱头，一朵雄花只能涂 3～4 朵雌花。当雄花多时，应摘除一部分，以免浪费养分。

② 营养液管理

a.配方　硝酸钙 0.53g/L、硝酸钾 0.65g/L、硝酸铵 0.0229g/L、硫酸镁 0.243g/L、磷酸 0.223mL/L，微肥配方同甜瓜。

b.酸度　5.5～6.8。

c.浓度　坐瓜前 2.3～2.5mS/cm，坐瓜后 2.5～3.0mS/cm。

d.供液　坐瓜前，每天 1 次，每次 10～15min，坐瓜后，每天 2 次，每次 10～15min。

③ 采收　金皮西葫芦开花后 4d 即可采食，此时品质好，但产量低。一般于蘸花后 10d，瓜长 20cm，直径 4～5cm，单瓜重 0.5kg 时收获为宜。采收要及时，采晚了容易坠秧，上部容易化瓜。

7.5　四棱豆

四棱豆别名翼豆、四稔豆、杨桃豆。起源于热带非洲和东南亚，至今已有 400 年以上的栽培历史。主要分布在巴布亚新几内亚、加纳、缅甸、印度和马来西亚等国，南美和太平洋南部也有栽培。中国南方沿海地区 100 多年前就已栽培，广东、广西、云南和海南等省（自治区）栽培较多。近年来，北京和上海等地郊区的特产蔬菜基地也已引种栽培。

四棱豆嫩荚切片烹调似菜豆，并可盐渍和做酱菜。嫩叶风味似菠菜，嫩枝似小芦笋，块根可炒食或烘烤，干豆粒的用途类似大豆。四棱豆各部位蛋白质含量高，并含有多种氨基酸、矿物质和维生素，尤其含有丰富的维生素 E，有良好的医疗保健效用。茎和块根还是优质饲料。因此，四棱豆有"热带大豆"和"绿色金子"的美称。

7.5.1　生物学特性

(1) 植物学特征

① 根　根系发达，由主根、侧根组成。主根和侧根膨大成胡萝卜状块根。根上有较多的根瘤。侧根分布直径为 40～50cm，主要根群入土深 10～20cm。

② 茎　缠绕茎，高达 3.0～4.0m，绿、紫绿或紫色。分枝性强，侧枝多。

③ 叶　三出羽状复叶。叶柄长，小叶卵状三角形，长 4.0～15cm，宽 3.5～

12cm，全缘。

④ 花　总状花序，腋生。长 1.0～10cm，有花 2～10 朵，花冠白色或淡蓝色。

⑤ 果实　荚果，四棱状，长 10～40cm，宽 2.0～3.5cm，黄绿色或绿色，有时具红色斑点。果期 10～11 月。

⑥ 种子　每果含种子 8～17 粒，种子近球形，光亮，白色、黄色、棕色、黑色等。千粒重 250～350g。

（2）生育周期

① 发芽期　从种子萌发到第一对真叶展平，需 10～14d。

② 幼苗期　从第一对真叶展平至长出四五片复叶，需 20～30d。

③ 抽蔓期　从长出四五片复叶到开花，需 10～15d。

④ 结果期　从开始开花到豆荚采收结束，需 20～45d。

（3）对环境条件的要求　四棱豆喜温暖湿润环境，不耐霜冻。种子发芽适温 25℃，15℃ 以下和 35℃ 以上发芽不良。生长的最低温度为 12℃，开花结荚的临界温度为 17.2℃，适宜温度为 20～25℃，温度过高或过低均易落花。短日照作物，生长初期和晚熟品种对日照长短反应敏感。在长日照下营养生长旺盛，不易开花结实。具一定的耐旱力，但不耐长期干旱。开花结荚需充足的光照和水分。比较耐贫瘠土壤，不耐水涝。

7.5.2　类型和品种

（1）类型　四棱豆栽培种内有印度尼西亚品系和巴布亚新几内亚品系。印度尼西亚品系茎叶绿色，花为紫色、白色和淡紫色，较晚熟，豆荚长 18～20cm。为多年生，在热带地区全年播种均能开花结实，营养生长期长达 4～6 个月。巴布亚新几内亚品系为一年生品种，早熟，自播种至开花需 57～79d。小叶以卵圆形和正三角形居多，茎蔓生，花紫色，茎叶和花均有花青素，荚长 6.0～26cm，表面粗糙，种子和块根的产量较低。

（2）品种

① 早熟翼豆 833　中国科学院华南植物研究所选育出的早熟品种，适应性广、经济性状好，蔓生，蔓长 4.0～6.0m，叶阔卵形至阔菱形，茎叶绿色、嫩荚绿色，长 16～21cm，近地面根膨大成块根。适宜在广州、南京、北京等地种植。

② 83871　由华南植物园和北京蔬菜研究中心经多年育出，蔓长 3.0～4.0m，分枝力强，植株苗期长势中等，中、后期旺盛。花蓝紫色，嫩荚绿色，荚长粗糙，易剥离，肉质脆，味微甜。适宜我国各地种植，华北地区露地、保护地均可栽培。

③ 早熟 2 号　中国农业大学选育，植株蔓生，蔓长 3.5～4.5m，分枝力强，茎基部 16 节，可分枝 45 个，茎叶光滑无毛。每亩产嫩荚 850～1200kg，产薯块 250kg，干豆粒 120～150kg。成熟早，对光照不敏感，生长发育所需积温较低。适

宜北方地区种植。

④ 四棱豆　广东农业科学院从海南地方品种中选出，蔓生，花浅紫色，荚深绿色，长22cm，宽3.5cm，单荚重20g左右，种子圆形，生长期嫩荚180d，老荚216d。适宜南方地区及北方地区5～10月种植。

7.5.3　无土栽培方式

采用基质槽培或基质袋培的方式。栽培槽与栽培袋的制作方法请参见第5章固体基质培技术。

7.5.4　栽培技术

(1) 育苗和定植

① 选种　选择新鲜、饱满、发亮的种子。播种前晒种1～2d。

② 浸种　普通浸种6～12h。

③ 定植　苗龄30～35d，3～4片叶时定植。槽栽：株距35～45cm，每槽种2行。

(2) 定植后管理

① 吊蔓　定植后20d左右开始吊蔓，并进行绕蔓。

② 摘心、除侧枝　当主蔓长2.0m左右时，摘心。结荚中期疏去过密的二、三级分枝。

③ 叶面追肥　进入到开花结荚期，每隔5～7d叶面喷施一次0.3%的磷酸二氢钾或0.3%的磷酸二氢钾与0.2%的尿素混合液。

④ 营养液管理

a.配方　可选用华南农业大学豆科作物营养液配方，pH为6.0～6.5。

b.浓度调整　定植初期，营养液浓度为标准配方的1个剂量。进入开花结荚期，提高到1.4个剂量，以后再增加至1.8个剂量。

(3) 采收　花后12～15d，豆荚绿色，柔嫩，豆粒未膨大前采收。一般5～7d采收一次。采收过迟纤维增多，品质下降。也可采收2.5～3.0cm的幼嫩豆荚。叶脱落后收地下块根。

7.6　草莓

草莓（*Fragaria ananassa* Duch.）别名凤梨草莓，为蔷薇科草莓属多年生草本植物。原产亚洲、美洲和欧洲，中国有野生种七八个，分布在东北、西北和西南等地的山坡、草地或森林下。草莓的产量和栽培面积一直在世界小浆果生产中居领先地位。栽培草莓主要是 18 世纪育出的大果草莓，即凤梨草莓，在欧洲、美洲诸国和日本栽培较多，中国以东北、华北、华东为主，西北、西南较少。鲜果产量以美国、日本、墨西哥及波兰较多。

草莓果实色泽鲜艳，酸甜可口，多汁，营养价值高，富含维生素和矿物质，特别是维生素 C 含量很高，每 100g 草莓鲜果中含 50.9～120.6mg，含全糖 4.8～10.3g、有机酸 0.65～1.014g、果胶 1.0～1.7g。草莓中的草莓胺，对治疗白血病、障碍性贫血等血液病有较好的疗效。草莓味甘酸、性凉、无毒，能润肺、健脾、补血化脂，对肠胃病和心血管病有一定防治作用。用它制成各种高级美容霜，对减缓皮肤出现皱纹有显著效果。草莓可鲜食，还可以加工成草莓汁、草莓酱、草莓酒等食品，市场的需求量很大，深受消费者的喜爱。草莓除作为鲜果生食之外，还是一种很有观赏价值的盆栽水果，其花期和结果期很长，栽培容易，在市场上逐渐得到人们的重视。

近年来草莓的无土栽培发展较快，目前世界各国均有草莓栽培，主要方式是NFT 和岩棉培两种。

7.6.1 生物学特性

(1) 植物学特征

① 根　根由新茎和根状茎上的不定根组成，为须根系。主要分布在地表 20cm 深的土层内。新茎于第二年成为根状茎后，须根就开始衰老逐渐死亡，然后从上部根状茎再长出新的根系来代替。

② 茎　草莓茎有三种，即新茎、根状茎和匍匐茎，前两种为地下茎，后一种为地上茎。新茎为草莓当年抽生的短缩茎，来源于上年新茎的顶芽或腋芽。其上轮生叶，叶腋间着生腋芽，基部产生不定根。根状茎为多年生茎，上一年的新茎即为今年的根状茎。匍匐茎是由新茎的腋芽萌发形成，节间长，具有繁殖能力，为草莓的繁殖器官。

③ 叶　三出复叶，叶柄较长，一般为 10～20cm，叶着生在新茎上，叶柄基部有两片托叶鞘包于新茎上。单叶寿命 80d。秋末随温度降低，新发的叶变短，植株呈莲座状，是即将进入休眠的标志。

④ 花　二岐聚伞花序或多岐聚伞花序，一个花序上可着生 3～30 朵小花，一般为 7～15 朵，小花白色，有 5～8 个花瓣，雄蕊 30～40 枚，雌蕊 200～400 枚，异花授粉，但也可自花结实。

⑤ 果　聚合果，由受精后的雌蕊和花托共同发育而成，果实柔软多汁，果面红色，果肉有白、红、粉红色，中间有髓，早开花结的果实较大，以后开花结的果实较小。果实表面有许多由离生子房形成的褐色种子（瘦果）。

⑥ 种子 呈螺旋状嵌生在果肉上，为瘦果（种子），尖卵形，光滑，黄色或黄绿色。

（2）生育周期

① 萌芽和开始生长期 春季地温稳定在 2～5℃时，根系开始生长，一般比地上部早 7～10d。抽出新茎后陆续出现新叶，越冬叶片逐渐枯死。

② 现蕾期 地上部生长约 30d 后出现花蕾。当新茎长出 3 片叶，而第 4 片叶未全长出时，花序就在第 4 片叶的托叶鞘内形成。现蕾后植株仍以营养生长为主。

③ 开花结果期 从现蕾到第一朵花开放约需 15d，由开花到果实成熟又需 30d 左右。整个花期持续约 20d。在开花期，根的伸长生长停止，并且逐渐变黄，根颈基部萌发出不定根。

④ 旺盛生长期 果实采收后，植株进入旺盛生长期，先是腋芽大量发生匍匐茎，新茎分枝加速生长，然后是新茎基部发生不定根，参与形成新的根系。

⑤ 花芽分化期 经旺盛生长期后，在日均温度 15～20℃和 10～12h 短日照下开始花芽分化。一般品种多在 8～9 月份或更晚才开始分化，花芽分化一般在 11 月份结束。秋季分化的花芽，在第二年的 4～6 月份开花结果。

⑥ 休眠期 花芽形成后，由于气温逐渐降低，日照缩短，草莓进入休眠期。

（3）对环境条件的要求

① 温度 对温度的适应性较强。根系在 2℃时便开始活动，5℃时地上部分开始生长。根系生长最适温度为 15～20℃，植株生长适温为 20～25℃。春季生长如遇 −7℃的低温会受冻害，−10℃时大多数植株会冻死。根系能耐 −8℃的低温，芽能耐 −15～−10℃的低温。开花期低于 0℃或高于 40℃都会影响授粉受精，产生畸形果。

② 光照 草莓是喜光作物，也较耐荫。光补偿点为 500～1000lx，最适光强为 20～30klx。在花芽形成期要求 10～12h 短日照和较低温度。在开花结果期和旺盛生长期，需要 12～15h 的较长日照。

③ 水分 整个生长季节对水分有较高的要求，基质含水量以 65%～80%为宜，空间相对湿度要求达到 80%左右。果实成熟期要适当控制水分。

④ pH 适宜 pH 为 5.5～6.5。

7.6.2 栽培方式

草莓可以采用多种无土栽培方式进行生产，如水培中的 DFT、NFT、立柱盆钵式水培等。基质培中的槽培、袋培和立体盆钵式基质培等。

7.6.3 栽培技术

（1）季节和品种

① 季节 应以反季节栽培为主。除夏季 6～8 月高温季节不适宜外，其他季

均可栽培。如越冬栽培，8月下旬至9月上、中旬定植，11月底至12月初始收，可持续收获至翌年5月。

② 品种　鲜食栽培：应选择果形美观、果味芳香浓郁、果个大、营养成分含量高的品种，如幸香、鬼怒甘、章姬、红颜等。加工栽培：应选择颜色深红、含糖量高、硬度较大、质地致密、耐贮运、易除萼的品种，如哈尼、蜜宝等。北方气候寒冷，宜选择休眠浅、优质、丰产、耐寒、耐贮运品种。

（2）育苗和定植

① 育苗　有三种方法。匍匐茎育苗法：整地做畦（宽1.0m，深15cm），选健壮、丰产、无病虫母株切取匍匐茎小苗，稀植（上不埋心，下不露根）。及时浇水，去除老叶和花序。播种育苗法：种子需先低温处理1～2个月，然后播种。多用于育种上。组织培养育苗法：主要用来培育脱毒苗。脱毒苗的单果重可提高30%，总产量可提高25%。

② 定植

a.定植时间　9～10月。

b.壮苗标准　单株重30～40g，新茎粗1.2～2.0cm，5～6片叶，根系发达（5条以上，每条5.0～6.0cm长）。

c.定植密度　DFT、NFT，株行距为20cm×20cm；基质培，株行距为（15～20cm）×（25～30cm）。

（3）基质配方

① 食用菌废料：草炭：珍珠岩＝5：4：1；

② 草炭：珍珠岩＝4：1；

③ 椰糠：珍珠岩＝7：3。

上述基质配方仅供参考。

（4）营养液管理

① 配方　日本园试营养液配方；日本山崎草莓营养液配方；华南农大果菜类蔬菜营养液配方等。

② 浓度　开花前：EC值＝1.0～1.7mS/cm。开花结果期：EC值＝2.5～3.5mS/cm。结果后期：EC值＝2.0mS/cm。

③ pH　5.5～6.5。

（5）植株调整

① 疏花疏果和摘老叶　草莓植株适当疏花、疏果产量可比未疏花、疏果的提高20%～30%。一般应疏除全株15%～20%的花蕾，以保证果大整齐，防止小果、畸形果的发生。最终每株草莓保留2～3穗花序，每个花序留果3～5个，每株留果8～15个。

为改善通风透光条件，应及时摘除黄、老叶。苗期：每株留3～5片叶。花果期：每株保留8～12片功能叶。

② 辅助授粉　在草莓植株现蕾后开花前将蜂箱放入棚内，花后辅助授粉，可减少草莓畸形果，提高产量。放蜂前 10～15d 棚内停止用药。

③ 整蔓更新　采收后，重新栽植匍匐茎苗，其生活力强，产量高。或采收后，将植株长出的匍匐茎分次摘除，原株仍保持较强的生活力和较高的结实率。

（6）采收

① 标准　浆果有 2/3 着色。

② 时间　早晨（露已干），或傍晚（转凉）进行。

③ 方法　用大拇指和食指指甲将果梗掐断，带梗（0.5～1.0cm 长）采下，勿伤萼片。

④ 次数　结果初期，每 1～2d 采收 1 次。结果盛期，每天采收 1 次。

叶菜类蔬菜无土栽培

8.1 茼蒿

茼蒿（*Glebionis coronaria* L.）又称同蒿、蓬蒿、蒿菜、菊花菜等，为菊科茼蒿属一年生或二年生草本植物，茼蒿的根、茎、叶及花都可入药，有清血、养心、润肺、清痰等功效。茼蒿的嫩茎叶可生炒、凉拌或做汤食用，具有特殊香味。在中国古代，茼蒿为宫廷佳肴，因此又叫"皇帝菜"。茼蒿原产地中海，在中国已有900余年的栽培历史，且分布广泛，但南北各地栽培面积很小。主要分布在安徽、福建、广东、广西、广州、海南、河北、湖北、湖南、吉林、山东、江苏等省（自治区）。

8.1.1 特征特性

茼蒿的茎叶光滑无毛或几近光滑无毛。茎高达70cm，不分枝或自中上部分枝。基生叶花期枯萎。中下部茎叶长椭圆形或长椭圆状倒卵形，长8.0～10cm，无柄，二回羽状分裂。上部叶小。头状花序单生茎顶或少数生茎枝顶端，但并不形成明显的伞房花序，花梗长15～20cm。瘦果，有1～2条椭圆形突起的肋。

茼蒿属于半耐寒性蔬菜，对光照要求不严，一般以较弱光照为好。茼蒿为短日照蔬菜，在冷凉温和、土壤相对湿度保持在70%～80%的环境下，能较好生长。在长日照条件下，营养生长不能充分完成，很快进入生殖生长而开花结籽。

8.1.2 品种类型

（1）大叶茼蒿 又称板叶茼蒿或圆叶茼蒿。叶片大而肥厚，缺刻少而浅，呈匙形，绿色，有蜡粉。茎短，节密而粗，淡绿色，质地柔嫩，纤维少，品质好。较耐热，但耐寒性差，生长慢，成熟略晚。适宜南方地区栽培。

(2) 小叶茼蒿 又称花叶茼蒿或细叶茼蒿。其叶狭小，缺刻多而深，绿色，叶肉较薄，香味浓。茎枝较细，生长快。抗寒性较强，但不太耐热，成熟较早。适宜北方地区栽培。

8.1.3 无土栽培方式

目前，茼蒿的无土栽培有水培、雾培和基质培三种方式，水培技术是当今发展最成熟的一种无土栽培技术。

8.1.4 三层水培技术

(1) 设施结构 为了操作方便和植物可较好采光，栽培架高 1.6～1.7m，宽60cm，长度视温室空间大小而定。设计三层栽培床，层间距为 55～60cm，最底层距离地面 50cm。栽培床由聚苯乙烯泡沫板制成，深 7.0～10cm，床底铺上一层黑色聚氯乙烯塑料薄膜以防止营养液渗漏，定植板由小块的泡沫板组成，这样方便清洗消毒。营养液通过供液管道先到达顶层，然后流经到第二层和第三层，最后通过回流管道流回到贮液池中。每一个供液支管上都安装阀门以控制营养液供液量。

(2) 栽培床准备 首先在定植板上铺一层厚的无纺布，无纺布的两端从定植板下深入栽培床的营养液中，这样可吸收一定水分，使无纺布湿润。播种之前，先将无纺布用水浇湿，浇透，然后在无纺布上均匀撒一些消过毒的小石砾，使无纺布能更好地紧贴在定植板上。石砾不可过多，否则泡沫栽培床受重压容易被破坏。这种栽培床除了可栽培茼蒿外，其他叶菜类蔬菜如空心菜、小白菜、莴苣、苦苣菜等也均可种植，但莴苣、苦苣菜需要单株定植到栽培孔中。

(3) 播种育苗 种子可不用催芽，直接撒播在湿润的无纺布上，再覆盖一层珍珠岩，最后覆盖一层塑料薄膜进行保湿。如果温度较高，光照较强，则需搭遮阳网进行遮光。因植株幼苗根系直接生长在无纺布中，珍珠岩对其固定能力较差，植株易倒伏，因此播种密度比土壤播种密度要大。当有 70% 的种子拱出覆盖的珍珠岩时，要及时撤掉薄膜以防烤苗，而且这时幼苗根系还比较弱，遇中午强光时，无纺布很快失水变干，幼苗会出现萎蔫，故幼苗初期，在晴天上午要对栽培床进行喷水，直到根系发达，能从营养液中吸收水分时，就不再喷水。

(4) 栽培管理

① 温度和光照 茼蒿喜冷凉，不耐高温，生长适温为 17～20℃，低于 12℃生长缓慢，高于 29℃生长不良。茼蒿对光照要求不严，在较弱光照下也能正常生长，因此适合立体层架式栽培。

② 营养液

a.配方选择　可选用日本山崎茼蒿营养液标准配方。

b.浓度调整　一般管理浓度以 EC 值在 1.5～2.0mS/cm 为宜，定植初期 EC 值调控在 0.7～1.0mS/cm，后期浓度逐渐提高。

c.酸度控制　每周测定 1 次营养液的酸碱度。适宜的 pH 为 6.0～6.5，若营养液的 pH 高于或低于此范围，应及时调整。

d.供液方式　每天上、下午定时开启水泵 2～3 次，进行供液，每次供液 15min，夜间不供液。

（5）采收　茼蒿一般播后 40～50d，植株长到 18～20cm 高时即可采收。如采收过晚，则茎皮老化，品质降低。采收可分一次性采收和分期采收。分期采收可于主茎基部保留 4～5 片叶或 1～2 个侧枝，用刀割去上部幼嫩茎叶，20～30d 后，基部侧枝萌发，可再进行采收。

8.2　苦苣菜

苦苣菜（*Sonchus oleraceus* L.）别名滇苦菜、苦苣、花菊苣、明目菜等，为菊科（Compositae）苦苣菜属一、二年生草本植物。原产欧洲，目前世界各国均有分布。苦苣菜以幼株或叶片供食用，可凉拌、爆炒、做汤、做色拉菜或做火锅配料等，清脆爽口，味美色艳，清香中略带苦味。苦苣菜含有丰富的氨基酸、维生素、糖类和锌、铜、铁、锰等微量元素，以及胆碱、酒石酸、苦味素等化学物质。食用苦苣有助于促进人体内抗体的合成，增强机体免疫力，促进大脑机能，并对预防和治疗心、脑血管疾病、肝病等效果显著，因此苦苣备受青睐。在我国除气候和土壤条件极端严酷的高寒草原、荒漠戈壁及盐碱等地区外，几乎遍布全国各省区。

苦苣菜可采用多种无土栽培方式进行生产，如水培、固体基质培等，但传统的无土栽培并不能生产出真正的绿色蔬菜——苦苣菜。若采用有机生态型立体叠盆式基质栽培苦苣菜，不仅可以大幅度提高单位面积产量，节省空间，而且能够生产出真正的绿色蔬菜，增加经济效益。此外，还具有设施结构简单、观赏性较强的特点，成为发展旅游休闲农业的一项重要技术。

8.2.1　特征特性

苦苣菜根系分布浅，须根发达。茎短缩，叶片互生于短缩茎上，浅绿色，叶狭长或呈长卵形，根据叶形分为阔叶种和皱叶种两类。阔叶种叶片宽而平，皱叶种叶片窄而皱缩。我国当前栽培的主要为皱叶种。小花浅蓝色，头状花序。苦苣菜单株重 0.5kg 左右。千粒重 0.8～1.2g。

苦苣菜为半耐寒性蔬菜，喜冷凉气候。耐热性强于生菜。高温不利于发芽，15~20℃下，2~3d可发芽。幼苗生长适温为15~20℃，叶丛生长适温为12~18℃。属长日照植物。苦苣菜忌高温，经低温春化后，在高温长日照下抽薹、开花、结实。

8.2.2 有机生态型立体叠盆式基质培技术

(1) 栽培设施 苦苣菜有机生态型立体叠盆式基质栽培的设施结构主要包括栽培立柱和供水系统两部分。

① 栽培立柱 栽培立柱由塑料五花盆和固体基质构成。

a.备五花盆 为红色硬质塑料花盆。直径为35cm，高度为19cm，周围有五个突出的定植孔（彩图8-1）。

b.组配基质 固体基质可选用炉渣或食用菌废料等单一基质，也可选用沙子和草炭等组配而成的复合基质（沙子：草炭＝1：3）。组配基质时每立方米预先混入消毒鸡粪10kg、撒可富复合肥1.5kg作为底肥用（彩图8-2），这样在定植以后整个栽培过程中可不需要添加任何肥料，更不必使用营养液，平时只需浇清水即可。

c.基质装盆 将组配好的复合基质装入五花盆内，基质表面距盆沿1.0cm左右（彩图8-3）。

d.摆成立柱 将五花盆填装好基质后，在温室内整平夯实的地面上，沿跨度方向将五花盆上下垛叠建成若干个垂直的栽培立柱，每个栽培立柱具6~8只五花盆，要求每只花盆的定植孔上下错开，盆与盆之间的凹凸扣结合牢固（彩图8-4）。根据空间大小，栽培立柱可设置为单行，也可设置成多行。如果设置为多行，行距一般为50cm，每行内前后两个栽培立柱的间距为1.0m左右。

② 供水系统 按照预定间距和行距建好所有的栽培立柱后，即可安装供水系统。供水系统主要由供水总管、供水支管和供水毛管组成（彩图8-5）。供水总管（直径4.0cm PVC塑料管）即为温室内现成的地下供水管道，供水总管先连接供水支管（直径3.2cm PVC塑料管），供水支管再分别与横走在各行栽培立柱上方的供水毛管（直径2.5cm PVC塑料管）相连，三级供水管道均各有阀门控制。给水时，在地下水压力的作用下，水流走向为供水总管→供水支管→供水毛管→上、中、下各个五花盆，多余的水分自上而下通过各五花盆底部的排水孔依次渗出至地面，水流和水量可人为自由调控。

(2) 栽培技术

① 栽培季节和品种选择

a.栽培季节 苦苣菜性喜冷凉，忌高温。因此无土栽培苦苣菜应避开炎夏，一般以春、秋两季生产为宜。如果温室、大棚等环境保护设施性能较好，也可根据市场需求安排一年四季种植，从而实现周年生产，全年供应，获取更高的经济效益。

b.品种选择　应选用早熟、耐热、不易抽薹的品种，如美国碎叶苦苣、荷兰苦苣等。

② 播种育苗

a.种子处理　由于苦苣菜种子小且发芽要求温度较低，播种前需进行处理。方法是用20℃左右清水浸泡种子3～4h，搓洗沥干水分后，用湿纱布包好，置于恒温箱中，在15～20℃下催芽。催芽过程中每天用清水淘洗2次，3～4d后可发芽。

b.播种　采用基质苗床育苗，床宽1.2m，床深10cm，床长灵活确定。基质可用草炭：珍珠岩=3：1或草炭：珍珠岩：蛭石=2：1：1的混合基质，配制基质时可在每立方米基质中加入氮、磷、钾（15：15：15）三元复合肥0.7～1.2kg。然后在苗床上按8.0～10cm的行距开沟，沟深1.0cm，将发芽的苦苣菜种子均匀地撒在沟内，播后覆盖好基质，浇透水（彩图8-6）。最后盖上塑料薄膜，保温保湿，促进尽快出苗。也可采用传统的土壤苗床育苗。

c.苗期管理　苗期不用浇灌营养液，只需浇水。方法是每天滴灌供水1～2次，每次5～8min。苗期温度控制在昼20～25℃，夜10～15℃。苗龄30～40d，待幼苗具5～6片真叶时即可移栽（彩图8-7）。

③ 移栽及移栽后的管理

a.移栽　将适龄苦苣菜壮苗从苗床上起出，根系最好带些基质，然后移栽入栽培立柱的五花盆中，每只花盆需五株幼苗，即每只花盆的每个定植孔中栽一株，栽时宜浅不宜深，不要把心叶埋住（彩图8-8）。

b.移栽后的管理　主要是水分和温度管理。

（a）水分管理　移栽初期（3～5d），每天供水两次，每次滴灌10～15min。缓苗后，每天供水1～2次，每次8～10min。

（b）温度管理　在苦苣菜的整个生育期间，温度不能长期高于25℃。当高于25℃时，应采取通风、遮阳、喷雾等降温措施使昼温保持在18～22℃，夜温12～15℃。

④ 采收　在适温条件下，苦苣菜生长速度较快，生育期较短。通常移栽后1～2个月，当叶片充分长大，叶丛丰满茂密，单株重量达500～600g时便可整株采收，去除老叶后包装上市（彩图8-9）。也可掰叶分批次采收，装袋销售。

8.3　京水菜

京水菜为十字花科芸薹属白菜亚种一、二年生草本植物。亦称"水晶菜""白茎千筋京水菜"，日本育成。含丰富矿物质，是高钾低钠盐的新品种，具有特殊的芳香味。可清炒、凉拌、腌渍，也是火锅的上好配菜。

京水菜外形介于小白菜和花叶芥菜（或北方的雪里蕻）之间，口感类似于小白菜。经常食用能降低胆固醇、预防高血压和心脏病。还有促进消化的作用。

8.3.1 生物学特性

(1) 植物学特征

① 根　浅根性，主根圆锥形，侧根发达。再生力强。

② 茎　营养茎短缩，基部分枝力强。

③ 叶　单叶，羽状深裂，簇生于短缩茎上。

④ 花　小花黄色，聚合成复总状花序。

⑤ 果实　长角果。

⑥ 种子　圆形，黄褐色，千粒重1.7g。

(2) 生育周期　分为两个阶段：

① 营养生长阶段　包括发芽期、幼苗期、叶丛生长期三个时期。

② 生殖生长阶段　包括花芽分化期、抽薹期、开花结果期三个时期。

(3) 对环境条件的要求　京水菜喜冷凉，不耐高温，生长适温白天为18~20℃，夜间为8~10℃。喜肥沃疏松土壤。生长期需水较多，但不耐涝。长日照植物。

8.3.2 有机生态型基质槽培技术

(1) 设施建造　请参考第5章固体基质培技术的相关内容。

(2) 基质组配　以下三种配方的复合基质可供选用。

① 蛭石：草炭＝1：2；

② 炉渣：草炭＝1：2；

③ 珍珠岩：蛭石：草炭＝1：1：2。

配制复合基质时，每立方米的基质中加入有机肥（消毒鸡粪）10kg、复合肥（撒可富）0.5kg作为基肥。

(3) 季节和品种

① 季节　设施无土栽培京水菜以春、秋和冬季为主。

② 品种　根据熟性的不同，京水菜一般分为以下几种：

a.早生种　植株较直立，叶的裂片较宽，叶柄奶白色，早熟，适应性较强，较耐热，可夏季栽培。品质柔软，口感好。从定植至采收30~60d。

b.中生种　叶片绿色，叶缘锯状缺刻深裂成羽状，叶柄白色有光泽，分株力强，单株重3kg，冬性较强，不易抽薹。耐寒力强，适于北方冬季保护地栽培。从定植至采收50~60d。

c.晚生种　植株开张度较大，叶片浓绿色，羽状深裂。叶柄白色，柔软，耐寒力强。不易抽薹，分株力强，耐寒性比中生种强，产量高，不耐热。从定植至采收80～110d。

（4）育苗和定植

① 育苗

a.种子处理　温汤浸种 4h，然后放在 20～25℃的条件下催芽。

b.播种　采用塑料穴盘或塑料钵作为育苗容器，基质为珍珠岩：草炭＝1：3。

② 定植　日历苗龄为 1 个月左右。当幼苗具有 5～6 片真叶时即可定植。

定植时株行距：掰叶采收的为 20cm×（25～30）cm，成株采收的为 50cm×60cm。

（5）肥水管理

① 追肥　定植 15d 后，追 1 次肥料，每立方米基质施鸡粪 2kg、复合肥 0.5kg。至采收之前，根部不再追施肥料。根部施肥可与叶面追肥结合进行。

② 浇水　除追肥外，平时只需浇清水即可。春、秋季栽培，每天 2 次，每次滴灌 10min 左右。冬季栽培，每天 1 次，每次滴灌 10～15min。

（6）采收　生产上，京水菜通常有三种采收方式：

① 小株采收　当京水菜具 10 片叶（苗高 15cm）左右时，可整株间拔采收。

② 掰叶采收　京水菜定植后约 35d，形成较大叶丛时，可陆续掰收，扎成小把上市。可连续采收一个月左右。

③ 大株割收　植株长至 1～2kg 时，一次性割收，每亩约产 6000kg 以上。

8.4　芹菜

芹菜（*Apium graveolens* L.）为伞形科芹属二年生草本植物，原产地中海沿岸的沼泽地带，于汉代传入我国。

芹菜以肥嫩的叶柄供食用，可炒食、凉拌和做馅。富含多种维生素和矿物质，还含挥发性芳香油，有增进食欲、调和肠胃、解腻助消化、平肝清热、调经镇静、降低血压及健脑等功能。

8.4.1　生物学特性

（1）植物学特征

① 根　芹菜的根系为浅根性，一般分布在 7.0～36cm 的土层内，但多数根群入土 10～20cm 深。由于根系分布浅，芹菜不耐旱。但根系再生能力较强，适合育苗移栽。

② 茎　茎在营养生长期为短缩状，生殖生长期伸长成花薹，并可产生一、二级侧枝。茎的横切面呈近圆形、半圆形或扇形。

③ 叶　单叶，互生于短缩茎的基部，1～3 回羽状分裂。叶柄较发达，为主要食用部分。叶柄横截面直径 1.0～4.0cm 不等。

④ 花　花小、白色，花瓣 5 枚，离瓣花。异花授粉，但自交也能结实。小花聚合为复伞形花序。

⑤ 果实　双悬果，扁圆形，光滑，熟呈黄褐色。果实中含挥发性芳香油脂，有香味。成熟时沿中线裂为两半，但并不完全开裂。

⑥ 种子　细小，椭圆形，表面有纵纹，透水性能差，褐色。千粒重为 0.4g 左右。

(2) 生育周期　分为两个阶段：

① 营养生长阶段

a. 发芽期　从种子萌动到子叶展开，在 15～20℃ 下需 10～15d。

b. 幼苗期　从子叶展开至 4～5 片真叶形成，在 20℃ 左右需 45～60d。

c. 叶丛生长初期　从 4～5 片真叶至 8～9 片真叶，株高 30～40cm，在 18～24℃ 的适温下，需 30～40d。

d. 叶丛生长盛期　从 8～9 片真叶至 11～12 片真叶，叶柄迅速肥大，生长量占植株总生长量的 70%～80%，在 12～22℃ 下，需 30～60d。

e. 休眠期　采种株在低温下越冬（或冬藏），被迫休眠。

② 生殖生长阶段　分为花芽分化期、抽薹期、开花结果期三个时期。

芹菜的营养生长点在 2～5℃ 下开始转化为生殖生长点。翌年春在长日照和 15～20℃ 下抽薹，开花结实。

(3) 对环境条件的要求

① 温度　芹菜发芽期适温为 15～20℃。营养生长期适宜昼温为 20～22℃，夜温为 13～18℃。根系要求的温度为 10～20℃。

② 光照　芹菜属长日照作物。光补偿点为 2000lx，光饱和点为 45klx，光照强度适宜范围为 10～40klx。

③ pH　6.0～7.4。

8.4.2　无土栽培方式

可采用基质培或水培的方式生产芹菜，水培中最常用的是 NFT 和管道水培。

8.4.3　茬口安排和品种选择

(1) 茬口安排（表 8-1）

(2) 品种选择　根据特征特性，芹菜通常分为两大类型，即本芹和西芹。

表 8-1 温室芹菜无土栽培茬口安排

时间安排	秋冬茬	越冬茬	冬春茬	春夏茬	夏秋茬
播种时间	8月中下旬	10月中下旬	12月中下旬	2月中下旬	4月中下旬
定植时间	10月中下旬	12月中下旬	翌年2月中下旬	4月中下旬	6月上旬

① 本芹 株高80～100cm，直立，叶柄细长易空心，宽1.5～2.0cm，单株重0.5～1.0kg。香辛味浓，纤维多，但耐寒性与耐热性强，生长期短，是我国主要的栽培类型。品种有津南1号、上海黄心芹、开封玻璃脆、大叶岚芹、天津马厂芹菜等。

② 西芹 株高60～80cm，叶柄肥厚，宽达2.0～3.0cm，实心，单株重1.0～2.0kg。质地脆嫩，纤维少，香味较淡，耐热性不及本芹，生长期长。品种有意大利冬芹、佛罗里达683、高犹他52-70、康乃尔19、日本皇家西芹等。

8.4.4 NFT管理要点

(1) 育苗和定植

① 种子处理 普通浸种12～24h后，置于15～20℃环境下催芽。

② 播种 采用穴盘或苗床播种。

③ 定植 当幼苗株高10～15cm，4～5片叶，茎粗3～5mm时定植。株行距为：20cm×20cm（本芹），30cm×30cm（西芹）。

(2) 营养液管理

① 配方选择 日本山崎鸭儿芹营养液配方等。

② 浓度调整 初期：1.0～1.5mS/cm。一个月后：1.5～2.0mS/cm。再过半个月：1.8～2.5mS/cm。

③ 供液方式 间歇供液。幼小时：昼10～15min/h。长大后：昼15～20min/h。夜晚：(10～15)min/(1.5～2.0h)。

(3) 采收

① 时间 一般定植后50～60d，株高70～80cm时即可采收。

② 方法 掰叶或整株采收。

8.5 细香葱

细香葱（*Allium schoenoprasum*）别名四季葱、香葱，是百合科葱属多年生草本植物。在北美、欧洲及亚洲均有野生种，现广泛分布于热带和亚热带地区，在长江以南各地有少量栽培。食用嫩叶和假茎，品质柔嫩，具有特殊辛香味。在中国南方食用较多，是大饭店的主要调味品之一。日本水培香葱可周年栽培，每亩产量达 11t 以上。

8.5.1 特征特性

叶管状中空，长 30～40cm，淡绿色，叶鞘基部稍膨大。假茎（葱白）长 8.0～10cm，粗约 0.6cm，灰白色或稍带红色。植株分蘖力强，在适宜条件下，大量分蘖可形成稠密的株丛。根系弦线状。通过春化的植株在第二年可抽薹开花，花茎细长，聚伞花序，小花紫色，不易结籽。耐寒性强，耐肥，对土壤要求不严，但耐热性和耐旱性较弱。

8.5.2 栽培技术

(1) 育苗和定植

① 品种选择　首先要选择适于不同季节栽培的葱种子。夏季选择耐热品种，冬季选择耐寒品种。选用种子的依据是叶色绿、茎叶不易折断、分蘖力强、叶尖端不易变黄。南京细香葱、拉萨的藏葱都可作为水培品种。需要特别注意的是葱种子发芽率衰退非常快，使用的种子一定是当年的新葱籽。

② 育苗　采用育苗床育苗，基质可选用珍珠岩：草炭＝1：2 或蛭石：草炭＝1：2。适宜播种期春播为 3 月上旬～4 月下旬，秋播为 7 月上旬～10 月下旬。

③ 定植　采用水培方式栽培香葱，定植期春季 4 月上旬～5 月下旬，秋季 8 月下旬～12 月上旬。香葱最佳生长期春季在 4～5 月，秋季在 9 月中旬～11 月上旬。当葱苗有 2～3 片叶，株高 10～12cm，苗龄 35～45d 时，即可定植。起苗前 1d，将苗床浇足水，起苗后洗去根部基质，尽量少伤根系。水培采用深液流技术。栽培槽长 6.0～20m，宽 1.0m，槽深 10cm 左右，槽底内衬黑膜以防营养液渗漏，营养液深度 6.0～8.0cm，其上再覆盖苯板，苯板长 1.5m，宽 1.0m，厚 2.5cm。苯板上可按不同株行距打孔。香葱的适宜密度为 8.0cm 见方，定植孔直径 2.5cm，上面放置直径 2.5cm，高 4.0cm 的小塑料钵，每钵定植 3 株葱苗。定植后将香葱根部浸入营养液内。

(2) 营养液管理　采用深液流栽培香葱，每天定期供液 2 次，上、下午各 1 次，每次供液 1～2h。香葱定植后 3d 内，只供清水，不加肥料。3d 后改供营养液，营养液用日本山崎或园试配方。EC 值保持在 0.9～1.0mS/cm，pH6.0～6.5。为促使早活棵，若遇晴天阳光强烈，定植后白天可覆盖 1～2d 遮阳网，晚上揭去。定植后 6～7d，营养液浓度提高，使 EC 值达到 1.4～1.5mS/cm。营养液温度控制在 15～20℃。温室内温度白天不超过 30℃，晚上在 13～15℃之间。

(3) 采收　在适宜温度下，香葱生长很快。一般定植后 50～60d 即可采收。春季水培的，6～7 月可收获。秋季水培的，从 9 月中旬一直可采收至翌年 2 月。

当香葱株高 30～40cm，茎粗 0.3～0.5cm 时采收。无土栽培的香葱，黄叶少，含水量足，质量好。若利用温室全年连续栽培香葱，春季和秋季均可分别采收 2～3 茬，全年采收 4～6 茬，540m² 温室全年产量可达 2000～2500kg，产值 6000～7000 元。

8.6 羽衣甘蓝

羽衣甘蓝（*Brassica oleracea* var. *acephala* de Candolle）俗称绿叶甘蓝、牡丹菜、菜用羽衣甘蓝，为十字花科芸薹属甘蓝种中的一个变种，二年生或多年生草本植物。原产地中海和小亚细亚一带。虽然作为观赏植物中国引进很早，但是作为菜用栽培是近十几年才开始的。羽衣甘蓝类型丰富，有些类型适于作饲料，有的则适于观赏，有些适于食用。菜用羽衣甘蓝营养价值很高，每 100g 鲜菜中含维生素 C 153.6mg、β-胡萝卜素 0.484mg、还原糖 1.68mg、粗蛋白 4.11mg、中性纤维 1.27mg、钾 367mg、钠 21.7mg、镁 30.1mg、钙 108mg、磷 86.6mg、铁 1.66mg、锌 0.55mg、锶 0.701mg、锰 0.417mg、铝 0.931mg、维生素 A 0.99～3.0mg、维生素 B_1 0.16mg、维生素 B_2 0.26～0.32mg。菜用羽衣甘蓝的维生素和矿物质含量特别高，其中钙的含量很高，是一种高营养的新型蔬菜。其嫩叶可炒食、凉拌、做汤，风味清鲜。耐贮藏，但贮藏后太粗糙而不适于生食。羽衣甘蓝是甘蓝类蔬菜中最耐寒也是较耐高温的蔬菜，因此栽培较容易，供应期较长。

8.6.1 特征特性

羽衣甘蓝主根粗大，根系发达，主要分布在 30cm 的土层内。株高 30～40cm，第一年为营养生长期，茎短缩，坚硬，密生叶片。第二年开花后花茎高达 120cm，直立无分枝。叶为长椭圆形，较厚，被有蜡粉，卷缩多，叶缘羽状分裂，叶片长约 20cm。叶柄较长，约占全叶长的 1/3。叶的颜色因品种而异，有紫红、鲜红或红中间绿，可作观赏植物栽培，作为食用栽培的多为绿色。总状花序，异花授粉。角果，扁圆柱形。种子圆形，褐色，千粒重约 4.0g。

喜冷凉温和的气候，耐寒、耐热能力均很强，可耐 −6～−4℃ 的低温和 35℃ 的高温，种子发芽适温为 18～25℃，生长适温为 20～25℃。高温季节收获的叶片纤维多，质地较坚硬，风味差。较耐荫，但阳光充足叶片生长快，品质好。长日照植物。对土壤适应性强，以排灌良好、耕层深厚、土质疏松肥沃、有机质丰富、pH5.5～6.8 的沙壤土和黏壤土最宜。喜土壤湿润，但不耐涝。

8.6.2　品种与类型

羽衣甘蓝主要有两个品种类型：一是卷叶品种类型，具有卷皱的蓝绿色叶片，植株较矮，早熟；二是细叶品种类型，植株较高，开展度较大，皱褶不多，叶灰绿色。一般认为卷叶类型品种适于食用，而细叶品种类型适于作饲料。据叶片的颜色可分为红紫叶和白绿叶两大类：红紫叶类的心叶紫红、淡紫红，茎部紫红色，种子红褐色。白绿叶类的心叶呈白绿色或绿色，茎部绿色，种子黄褐色。

目前栽培的品种多从国外引进，代表品种有：

(1) 沃特斯　从美国引入，适于鲜食和加工。株高中等，生长旺盛，成长叶无蜡粉，深绿色。嫩叶边缘细裂卷曲，绿色，质地柔嫩，风味浓。耐寒、耐热性较强，喜肥抽薹晚，采收期长，可春秋栽培。

(2) 穆斯特　从荷兰引入。生长茂盛，株高中等，叶片绿色，羽状细裂，卷曲度大，外观美，耐寒、耐热性较强，不易出现黄叶现象。适于秋冬季栽培。

(3) 阿培特　从荷兰引入。生长势较强，中等高，叶片灰绿色，卷曲度大，品质细嫩，风味好，采收期长。适应性、抗逆性强，耐寒、耐热，适于春秋栽培。嫩叶经加工后能保持其鲜绿的颜色和独特的风味。

(4) 科仑内　从荷兰引入。植株生长迅速整齐，中等高。耐寒力强，也很耐热，耐肥，品质佳。早熟种，多春播。

(5) 温特博　从荷兰引入。植株生长势强，中等高，叶片深绿色，叶缘卷曲皱褶。早熟，耐霜冻能力很强，长江流域可秋冬露地栽培，冬、春收获。

8.6.3　栽培技术

(1) 育苗与定植　羽衣甘蓝可以周年栽培，周年上市，但低温易引起春化而抽薹、开花。所以北方地区通常一年安排两茬，2月播种一茬，8月播种一茬。

① 育苗　将种子用清水浸泡8～24h，然后把吸足水的种子播入海绵块的十字口中，每块2粒，播后将苗盘加足水，使水浸至海绵块表面。如果温度条件合适，播种后2～3d即可出齐苗。10d后进行间苗，每个海绵块上只保留1株。将间过苗的苗盘中的水全部倒掉，浇灌EC值为2.0mS/cm的营养液，使营养液的深度与海绵块表面持平。

② 定植　定植前先准备好定植板。栽培床中加满营养液，检查栽培床是否漏水，如果漏水用防水胶带补好。并试着让营养液循环，观察回流量大小，一切准备就绪等待定植。

羽衣甘蓝从播种到定植苗龄约25d，2～3片真叶。将羽衣甘蓝苗按20cm×20cm孔距塞入定植板上的定植孔中即可，每亩用苗约15000株。调好定时器，进行营养液循环。

（2）营养液管理

① 配方　水培羽衣甘蓝营养液配方同水培香葱。

② 浓度　羽衣甘蓝吸肥力强，营养液浓度管理指标为 2.5～3.0mS/cm。用 EC 值 2.0mS/cm 管理，叶子会发黄，表现出明显的缺肥症状。

③ 酸度　羽衣甘蓝最适酸度范围是 5.5～6.8，将 pH 维持在这个水平，生理上未见异常。

④ 供液　采用间歇循环供液方法，每隔 2h 循环供液 1h。

（3）采收　土培羽衣甘蓝从播种到采收需要 3～4 个月，水培羽衣甘蓝从播种到采收只需 60d 左右。采收时只收嫩叶，最下面的 5～6 片叶留下作光合作用叶，以后每隔 10～15d 采收一次。采收要及时，成熟的老叶品质恶化，多用作饲料。

8.7　苋菜

苋菜（*Amaranthus retroflexus* L.）又名青香苋、红苋菜、野刺苋、米苋、玉米菜等，为苋科（Amaranthaceae）苋属（*Amaranthus*）一年生草本植物。通常所说的苋菜，实际上是个通称，是指苋属中能够食用的那一类，包括很多种。苋菜营养丰富，每 100g 可食部分含水分 92.2g、蛋白质 1.8g、脂肪 0.3g、碳水化合物 3.3g、粗纤维 0.8g、钙 200mg、磷 46mg、铁 4.8mg、胡萝卜素 1.87mg、维生素 B_1 0.04mg、维生素 B_2 0.13mg、尼克酸 0.3mg、维生素 C 38mg。红苋菜适于贫血、骨折病人食用，也是小儿的优良菜肴。

8.7.1　特征特性

苋菜根比较发达，分布深远。株高 80～200cm，分枝少。叶互生，全缘，卵圆形、圆形或披针形，平滑或皱缩，长 4.0～10cm，宽 2.0～7.0cm，有红色、绿色、黄绿色、绿色间红色等颜色。穗状花序，顶生或腋生，花极小。种子圆形、紫黑色、有光泽，千粒重 0.7g 左右。

苋菜是喜温暖的蔬菜，耐热性强，在昼温 35～40℃情况下仍可正常生长。不耐寒冷，生长适温为 23～27℃，20℃以下生长缓慢，10℃以下种子发芽困难，适于炎夏栽培。苋菜属高温短日照作物，在高温短日照下极易抽薹开花。具一定的抗旱能力，不耐涝，对空气湿度要求不严。

8.7.2　类型和品种

依叶片颜色不同可分为三个类型。

（1）绿苋 叶和叶柄绿色或黄绿色，叶面平展，株高30cm左右。食用时口感较红苋和彩苋硬，耐热性较强，适于春季和秋季栽培。早熟品种有：广州的高脚尖叶、柳叶；杭州尖叶青；南京木耳苋菜等。中晚熟品种有：广州的矮脚圆叶、梨头叶、大芙蓉；杭州白米苋；南京秋不老；四川、福建的青苋等。

（2）红苋 叶片、叶柄及茎均为紫红色，叶面微皱，叶肉厚，株高30cm以下。食用时口感较绿苋绵软，耐热性中等。生长期30～40d，适于春、秋栽培。品种有重庆的大红袍、广州的红苋及昆明的红苋菜等。

（3）彩苋 茎部绿色，叶边缘绿色，叶脉附近紫红色，在叶片上半部或下部镶嵌有红色或紫红色的斑块。叶面稍皱，株高30cm左右。早熟，耐寒性较强，耐热性较差，质地软。春播约50d采收，夏播约30d采收，适于早春栽培。品种有上海的尖叶红米苋、广州的尖叶花红等。

8.7.3 水培技术

（1）育苗与定植

① 育苗 将苋菜种子用清水浸泡一夜后，用手抹在海绵块（3.0cm见方）的表面，每小块上抹5～10粒。然后将苗盘中加满清水，使水浸至海绵块表面。播种后，为保持种子表面湿润，每天用喷雾器喷水2～3次。如果温度条件合适，播种4～5d后即可出齐苗。

② 定植 定植时株行距为8.0cm×12cm，将苗盘中的育苗块撕下，按定植株行距塞入定植孔中即可。调好定时器，使营养液循环流动。

（2）营养液管理

① 配方 同水培香葱。

② 浓度 苋菜营养液浓度试验表明，苋菜是喜肥作物，EC值3.0mS/cm处理比EC值2.0mS/cm处理的产量提高11%，因此苋菜营养液的浓度管理以3.0mS/cm为好。

③ 酸度 pH以7.0～7.3为宜。

（3）采收 播种后40～45d，当苗高10～12cm，5～6片叶时即可陆续间拔采收。

8.8 蕹菜

空心菜（*Ipomoea aquatica* Forsk.）原名蕹菜，又名藤藤菜、通心菜、竹叶菜等，为旋花科（Convolvulaceae）番薯属一年生或多年生蔓性草本植物。花白色，喇叭状。因其茎秆是空心的,故称"空心菜"。原产我国热带多雨地区,主要分布于岭南一带,采收期长,是夏秋季普遍栽培的绿叶蔬菜。其食用部位为幼嫩的茎叶,可炒食、凉拌,或做汤等。空心菜营养丰富,每 100g 鲜品中含钙 147mg,居叶菜首位,维生素 A 比番茄高 4 倍,维生素 C 比番茄高 17.5%。

传统的无土栽培空心菜,尤其是水培,会导致产品器官中不可避免地积累过多的硝酸盐,危害人体健康。对其进行有机生态型基质槽培,与传统的无土栽培相比,不仅简化了操作管理程序,节省肥料,降低运行费用,对环境无污染,而且产品健康卫生,符合"AA"级或"A"级绿色食品的质量标准。

8.8.1 设施结构

请参考第 5 章固体基质培技术的相关内容。

8.8.2 有机生态型基质槽培技术

(1) 栽培季节和品种选择

① 栽培季节 空心菜耐热性强,露地栽培从春到夏均可进行,播种时间一般为:长江中下游地区 4～10 月,北方地区 4～7 月。在保温性能较好的温室、大棚等保护设施内,可根据当地市场行情周年生产,随时收获。

② 类型与品种 根据是否结实,空心菜可分为子蕹和藤蕹两种类型。

a.子蕹 用种子繁殖,也可无性繁殖。生长势旺盛,茎较粗,叶片大,叶色浅绿,夏秋开花结籽,是主要栽培类型。品种有:广州早熟大骨青、高产大鸡白、泰国空心菜、吉安蕹菜、青梗子蕹菜等。

b.藤蕹 一般很少开花结籽,扦插繁殖。品质较子蕹好,生育期更长,产量更高。以水田或沼泽栽培居多,也可旱地栽培。主要品种有细通菜、丝蕹、大蕹菜、博白小叶尖等。

(2) 育苗和定植

① 育苗

a.播种育苗 采用口径 8.0～10.0cm 的聚乙烯塑料钵作为育苗容器,育苗基质选择珍珠岩:草炭=1:3 的复合基质。因空心菜种子的种皮较硬而厚,为促进发芽,播种之前应先用 50～55℃温汤浸种 0.5h,再换普通浸种 24h,然后置于30℃下催芽。种子露白后播种,每钵播 1～2 粒,深度为 2.5～3.0cm。一般播种后7～10d 可出齐苗。

b.扦插育苗 空心菜的茎节上易生不定根,因此,生产中除播种育苗外,也可扦插育苗。选取健壮的空心菜母本植株,按要求制作标准插穗。将剪切好的空心菜插穗直接插到水里培养,适温条件下,6～7d 即可生根成活。

② 定植 播种后两个半月左右,当空心菜幼苗具 5～6 片真叶时定植。定植时

株行距为 25cm×30cm。

(3) 定植后管理 有机生态型栽培空心菜，除施足底肥外，平时只需追肥和浇水，不供营养液。定植缓苗后，每天浇水 1～2 次，每次滴灌 10min，当秧苗长到 10～15cm 高后，每天浇水 2～3 次，每次 10～15min。

缓苗后可穴施一次撒可富复合肥，每亩用量为 20kg。第一次采收后，再追施一次复合肥，每亩用量为 25kg，直至拉秧。

(4) 采收 空心菜可一次性采收，也可连续多次采收。若一次性采收，可在株高 30～35cm 时整株采收上市。如果连续采收，可在株高 25～30cm 时采摘嫩侧枝上市，长度通常为 10～15cm。第 1 次采摘，侧枝基部留 2 个节，第 2 次采摘将侧枝基部留下的第 2 个节采下，第 3 次采摘将侧枝基部留下的第 1 个节采下，这种采摘方法，可使连续采收的空心菜茎蔓始终保持粗壮。

一次性采收，每亩产量一般可达 2000kg。多次采收每亩产量可达 4000kg，甚至更高。

第9章

芽苗菜无土栽培

芽苗类蔬菜是一种新兴蔬菜，栽培方式灵活多样，其无土栽培技术完全不同于其他蔬菜。本章主要介绍目前生产上栽培较普遍、有较高营养价值和经济价值的芽苗类蔬菜。

9.1 芽苗菜生产概述

9.1.1 芽苗菜的含义与类型

利用植物种子或其他营养器官，在黑暗或弱光条件下直接培育出可供食用的嫩芽、芽苗、芽球、幼梢等蔬菜，称为芽苗菜、芽菜等。根据营养来源的不同，可将其分为籽芽菜（种芽菜）和体芽菜两大类型（表9-1）。

表 9-1 芽苗菜的类型

类型	含义	实例
籽芽菜	利用种子中贮藏的养分，直接培育成的幼芽或芽苗	绿豆芽、豌豆芽、黄豆芽、萝卜芽、苜蓿芽、芥菜芽、荞麦芽、蕹菜芽、花生芽等
体芽菜	利用植物的营养器官，如宿根、肉质直根、变态茎或枝条培育成的芽球、嫩芽、嫩茎或幼梢	苦荬菜、蒲公英、菊花脑、姜芽、竹笋、菊苣、刺嫩芽、香椿芽、豌豆尖、佛手瓜尖、紫背菜嫩梢、辣椒尖等

9.1.2 芽苗菜的生产优点

(1) 营养丰富，品质好，具有一定的保健功能 芽苗菜中含有丰富的维生素。每百克芽菜维生素 C 含量如下：豆芽 16～30mg、香椿芽 50mg、萝卜芽

51mg、苜蓿芽 118mg。维生素 A、维生素 B 族、维生素 E 等的含量也极其丰富，如大豆发芽之后，核黄素增加 2～4 倍，胡萝卜素增加 2～3 倍，尼克酸增加 2 倍。萝卜芽维生素 A 的含量是柑橘的 50 倍，可达 2.4mg/100g，而蒲公英嫩芽的含量达 4.2mg/100g。

多种芽苗菜中含有特殊的营养物质，能达到药用及保健的功效。如苜蓿芽中富含矿物质钙、钾和多种维生素及人体所需的氨基酸，对高血压、高胆固醇等疾病有良好的疗效；荞麦芽具有显著的杀菌、消炎功能；香椿芽可抑制金黄色葡萄球菌、肺炎双球菌和大肠杆菌等，有健胃祛风除湿、解毒杀虫之功效。在防癌上芽菜更具有独特的功效。如萝卜芽中含有丰富的淀粉分解酶，可以将色氨酸在高温下分解产生的强致癌物降解成无害物质。

(2) 生长周期短，复种指数高，经济效益大 芽苗菜在适宜的温、湿度条件下，最快 5～6d，最慢也只有 20d 左右就可完成一个生长周期，平均一年可以生产约 30 茬，复种指数是一般蔬菜的 10～15 倍。以豌豆芽苗为例，每千克豌豆种子（4 元/kg）约可形成 3.5kg 芽苗产品（4～6 元/kg），生长期 10～15d，每千克豌豆芽菜纯收入可达 10～17 元。

(3) 栽培形式灵活多样，容易操作 芽菜既可在废弃房舍生产，是农家庭院、居民楼台发展绿色蔬菜的良好途径，也可在日光温室或改良阳畦中生产。既可进行立体无土栽培，也可用假植囤栽、软化栽培、盘栽、盒栽等多种方式进行栽培。生产技术要求简单，易于掌握和操作。

(4) 环境污染少，产品符合绿色食品的生产标准 生产芽菜所用的种子，多数批量来自边远地区，环境污染少。芽菜生长过程中所需营养，主要依靠种子或根、茎等营养器官中贮藏的养分，一般不必施肥和打药，只需在适宜的环境条件下，保证其水分供应，便可培育成功，很少感染化肥及农药。因此，芽苗菜与其他蔬菜相比较容易达到绿色食品的生产标准。

(5) 易于进行规模化、工厂化生产 芽菜多数采用立体无土栽培，易实现工厂化批量生产。现代城市农业宜走工厂化农业的道路，利用植物工厂生产芽苗菜，采用立体无土栽培技术，每平方米每日可产 2kg 芽菜，1 年约产 700kg 芽菜，折合亩产约 46 万 kg。面对人口不断增长、可耕地不断减少的现实，发展工厂化生产将是现代农业的好出路。

9.1.3 芽苗菜生产的基本设施

(1) 栽培容器和栽培床架

① 栽培容器 芽菜生产的栽培容器一般选择底部有孔的硬质塑料育苗盘（图 9-1）。规格有多种，如 62cm×24cm×5.0cm、50cm×30cm×5.0cm 等。这样统一规格的容器可以适应工厂化、立体化、规范化栽培的需要，同时由于重量轻，

易于搬运。也可用专门用于芽菜生产的聚苯乙烯泡沫塑料做成的栽培箱或育苗箱（图9-2）。这种栽培箱内有许多四方形小格，每个小格底部有一小孔，用于多余水分或营养液流出，小格中放置种子，深度约为4.0cm，而箱上面的四个角较高，比放置种子的小格上部高15～20cm。长成的芽菜可将小箱一箱一箱地叠放在一起而使芽菜保持自然生长状态出现在市场上。

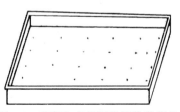
图9-1　芽菜生产的硬质塑料育苗盘

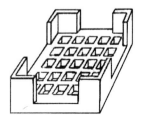
图9-2　芽菜生产专用泡沫塑料箱

还有一些地方进行芽菜生产时将棚内地面挖出宽约100cm、深10～15cm的栽培槽，然后在槽的两侧各平放一层红砖，使得栽培槽的深度为15～20cm，内衬一层黑色塑料薄膜，最后再放入洁净的河沙作为栽培基质（图9-3）。栽培时将已催芽露白的种子播入栽培槽中，再在种子上面覆盖一层0.5～1.0cm厚河沙，生长过程中浇水或喷营养液。待芽菜长成之后连根一起从沙中拔出，用清水洗净根部河沙即可上市。

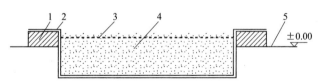
图9-3　简易槽式沙培芽菜生产种植图
1—红砖；2—黑色塑料薄膜；3—种子；4—河沙；5—地面

② 栽培床架　为了提高生产场地利用率，充分利用栽培空间，便于实施立体栽培，芽菜的生产可在多层栽培床架上进行。每个栽培架可设4～6层，层间距30～40cm，最底下一层距地面10～20cm，架长150cm，宽60cm，每层放置6个苗盘，每架共计放置24～36个苗盘。而且架的四个底角应安装万向轮，便于推动（图9-4）。栽培床架可用角铁制成，也可用木材或竹竿做成。总体要求是整体结构合理，牢固不变形，整架和每一层要保持水平，层间距切忌过小，以免影响芽菜长高及后期见光绿化。

为便于芽苗菜产品进行整盘活体销售，相应地设计研制了产品集装架。集装架的结构与栽培架基本相同，但层间距离缩小为20cm左右，以便提高运输效率。

(2) 栽培基质　应选用清洁、无毒、质轻、吸水持水能力较强、使用后其残留物易于处理的纸张（新闻纸、纸巾、包装用纸等）、白棉布、无纺布、泡沫塑料、

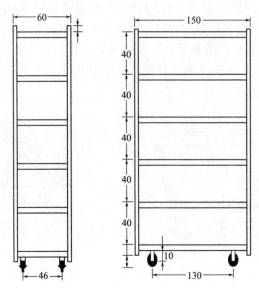

图 9-4　芽菜栽培床架示意图（单位：cm）

蛭石以及珍珠岩等作为栽培基质。以纸张作基质取材方便、成本低廉、易于作业，残留物很好处理，一般适用于种粒较大的豌豆、蕹菜、荞麦、萝卜等芽苗菜栽培。其中尤以纸质较厚、韧性稍强的包装纸最佳。以白棉布作基质，吸水持水能力较强，便于带根采收，但成本较高，虽可重复使用，却带来了残根处理、清洁消毒的不便，故一般仅用于产值较高的小粒种子且需带根收获的芽苗菜栽培。泡沫塑料（直径 3.0～5.0mm）基质则多用于种子细小的苜蓿等芽苗菜栽培。近年来采用珍珠岩、蛭石作基质，栽培种芽香椿等芽苗菜，效果较好，但根部残渣不易清除，影响美观。用细沙作为基质栽培芽菜，收获后容易去除根部残渣，但搬运较费劲。

(3) 供水供液系统　种子较大的芽苗菜，由于种胚中含有较多的营养物质，可维持苗期生长所需，其生产过程一般只需供水即可，如豌豆苗、蚕豆苗、菜豆苗、黄豆苗、绿豆苗和花生苗等。而种子较小的芽菜，如小白菜苗、萝卜苗、油菜苗等，单靠种子中贮藏的营养不足以维持苗期生长所需，因此，在出芽几天后就要供给营养液。规模化芽菜生产一般均安装自动喷雾装置以喷水或喷灌营养液。简易、较小规模的芽菜生产，可采用人工喷水或喷营养液的方法，有条件的也可以安装喷雾装置，以减轻劳动强度和获得较好的栽培效果。

(4) 浸种、清洗容器和运销工具　浸种及苗盘清洗容器应根据不同生产规模，可分别采用盆、缸、桶、砖砌水泥池等，但不要使用铁质金属器皿，否则浸种后种粒呈黑褐色。在容器底部要设置可随意开关的放水口，口内装一个防止种子漏出的篦子，以减轻浸种时多次换水的劳动强度。

由于芽苗菜用种量大，产品形成周期短，要求进行四季生产、均衡供应。一般需每天播种、每天上市产品，因此必须配备足够运输和销售的工具。

（5）保护设施 当外界气温高于 18℃ 时芽菜可进行露地生产，但必须适当遮阳，避免强光直射，还应注意加强喷水，尽量保持适宜的空气湿度。由于气候条件的局限，露地栽培多为季节性生产，一般难以做到四季生产，周年供应。因此，生产上多选用塑料大棚、单屋面加温温室、日光温室、现代化双屋面加温温室等环境保护设施，进行设施栽培芽菜。

环境保护设施主要包括用于催芽及前期生长的催芽室和后期生长与绿化的绿化室两部分。催芽室一般可用不太透光的房间或荫棚，最好是能够保持一段时间的黑暗，温度控制在 20～25℃ 之间，而且要有较高的湿度。因为刚催芽的种子在前期的生长期间（一般 10～15d 之内）要在弱光或黑暗中生长（最好是在黑暗中），这样胚轴和嫩茎的伸长速度较快，而且植株中积累的纤维素较少，口感较好。在催芽室中生长了 10～15d 的芽菜，由于没有光照或光照较弱，个体细瘦，叶绿素含量很低，植株淡黄，此时要将这些芽菜放入绿化室中见光生长 2～3d，个别芽菜见光生长时间可长达 4～10d，这样可使植株绿化而长得较为粗壮。绿化室的光照条件较好。

绿化室即为大棚或温室。秋、冬季温度较低时可通过覆盖塑料薄膜或加温来保持一定的温度，而在夏季温度较高时，可通过遮阳、喷水等措施来降温。

9.1.4　芽苗菜生产的基本过程

（1）一般芽菜生产的过程 无论生产哪种芽菜，其生产主要包括种子筛选、清洗、消毒、浸种催芽、铺放种子、暗室生长、绿化室生长成苗等几个过程。

通过筛选种子，去除瘪粒，保证种子出芽率。种子的清洗和消毒则是洗去沾在种子表面的粉尘等污垢，并且把种子表面的病原菌清除，防止在以后的生长过程中幼苗经常处于高湿条件下而发病。具体可采用热水烫种消毒法，即将经过筛选、去除瘪粒后用自来水洗净的种子放在容器中，取煮开后放置冷却至约 80℃ 的温开水倒入盛有种子的容器内，温开水的用量至少为种子量的一倍以上，经过 5～10min 后，将温开水倒掉，改倒入冷开水，进行 12～24h 的浸种。浸种后将冷水倒掉，用湿毛巾或纱布将种子包裹后进行催芽。催芽时要特别注意保湿，一般每 12h 左右，用 30℃ 温水淋过一次种子，以保持种子湿度，经过 2～3d，待种子露白后即完成催芽工作。

将已露白的种子平摊在栽培容器中，撒种量以种子与种子之间紧密排列，而上下不相重叠为宜。等种子播入后，可用一个塑料袋或塑料薄膜罩上栽培容器，进行保温和遮光，也可以不加覆盖而直接放在暗室中生长 3～7d，待苗长到 10cm 高左右时可移入弱光条件和较强光条件下绿化。

从暗室中移出的芽菜，个体黄弱，若立即曝晒于直射光下易枯萎，因此应放置在光线较弱的地方（如用遮光 50%～75% 的遮阳网覆盖的大棚内）生长 2～3d，即可使芽菜完成绿化的过程。一般情况下，不需要在很强的阳光下生长，而且绿化的时间也不能太长。因为如果绿化过程太长，光照过于强烈，会使茎秆纤维化太严重，品质变差。现有许多地方的简易芽菜生产过程是在催芽之后就让幼苗一直处于弱光条件下生长至采收，而不是先放在暗室中生长一段时间，所以，生产出来的芽菜纤维含量较高，品质稍差。

（2）工厂化芽菜生产的过程　利用上述芽菜生产程序进行生产的规模一般均是较小的，而且生产过程的劳动强度较大，机械化或自动化程度较低。近三十多年来国外如日本已进行了规模化、工厂化的芽菜生产。近十几年来，国内也有一些企业开展了芽菜工厂化生产的尝试，技术上取得了一定的进展，而且经济效益较好。现简单介绍日本的"海洋牧场"工厂化芽菜生产作为参考。

1984年日本的静冈县建立了一个以生产萝卜缨为主的"海洋牧场"，它主要由两个部分组成，一是进行种子浸种、播种、催芽和暗室生长的部分；另一是暗室生长之后即将上市前几天绿化生长的绿化室部分。其生产流程如图9-5所示。在这个海洋牧场中，每隔一周时间就可以生产出一茬萝卜缨，其生产的步骤主要为：

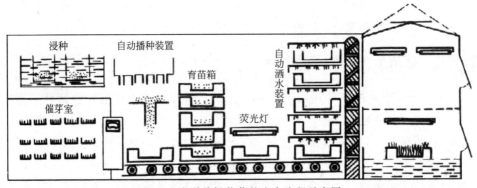

图 9-5　海洋牧场芽菜的生产流程示意图

①　浸种　将种子筛选出瘪粒和其他杂质后倒入金属网篮中，并置于20℃恒温水槽内，槽中的水采用循环式流动，每1h循环流动一次，经过3～5h的浸渍之后取出。

②　催芽　将浸种后的种子倒入50cm×20cm×4.0cm的木箱中，在倒入前木箱内先放置一层吸水性强的吸水纸，倒入的种子厚约3.0cm，再在种子上面放置一层吸水纸，然后移入温度约22℃，相对湿度为70%～75%的催芽室中，置于多层的铁架上催芽24～36h。

③　播种　将已催芽的种子直接倒入自动播种机中，由播种机播入泡沫塑料育苗箱中（图9-5）。

④　供水供肥及其他条件的控制　种子播入育苗箱后每天需喷水1～2次，2～4d后，开始供应营养液。可以采用上方喷水的方式供液，也可以直接把营养

液灌入绿化池中，让育苗箱漂浮起来。在整个育苗过程中，育苗室中的环境因子要加以控制，例如室温、相对湿度及室内光照等均有一定的上下限：室温为22～25℃、相对湿度为75%～80%、光照为1000～1500lx，阴天或下雨天要用荧光灯补光。

⑤ 绿化 从播种到出苗4～5d之后，要将育苗箱移入绿化室中生长2～3d。海洋牧场几乎整个绿化室内均做成水培的营养液池，育苗箱漂浮在营养液池上，幼苗从育苗箱播种穴下的小孔吸收到营养液而生长良好。在绿化室中要有8000～15000lx的光照强度，营养液温度控制在20℃左右，而且空气要以60cm/s的速度流动，以保持室内的通气。冬季整个室内密闭时还要通入二氧化碳，以增加芽菜的光合作用能力。

9.1.5 芽苗菜生产的技术关键

(1) 注意消毒，防止滋生杂菌 种植过程所用的器具、基质和种子均需清洗消毒。清洗时须先用自来水或井水清洗，然后再用药剂或温水、热水消毒。种植过程中喷洒的营养液或水也要求是较为干净的，必要时可在种植过程中使用少量的低毒杀菌剂，但须严格控制其使用量和使用时期。

(2) 环境控制应得当

① 温度 在暗室生长的过程中应将温度控制在25～30℃的范围内，如温度过高，易引起徒长，苗细弱，产量低，卖相差，品质变劣。而温度如果过低，则生长缓慢，生长周期延长，经济效益受到影响。

② 光照 在暗室生长过程中要避免光照，一般应始终保持黑暗。在幼苗移出暗室后的光照强度也不能过强，应在弱光下生长。因此在温室或大棚栽培时要进行适当的遮光，可在棚内或棚外加盖一层遮光率为50%～75%的黑色遮阳网来遮光。

③ 湿度 在整个生长过程中要控制好水分的供应，如湿度过高，则可能出现腐烂，特别是在暗室培育时更应注意不要供水过多。而放在光照下绿化时要注意水分不能过少，防止幼苗失水萎蔫。

9.2 芽苗菜生产实例

9.2.1 豌豆苗

豌豆苗是菜用豌豆的幼叶嫩梢，又称龙须豌豆苗、豌豆尖。每百克豌豆苗含胡萝卜素4.27mg、维生素C 32.19mg及多种矿质元素，且色泽鲜绿、口感脆嫩、香味独特，深受人们喜爱。豌豆苗有利尿、止泻、消肿、止痛和助消化等作用。豌豆苗还能治疗晒黑的肌肤，使肌肤清爽而不油腻。

豌豆苗既可用育苗盘进行立体栽培，也可用珍珠岩、细沙等作为基质席地生产。

（1）对环境条件的要求

① 温度　豌豆苗耐寒性强，但不耐热。种子发芽适温为 18～20℃，植株生长适温为 15～20℃。温度过高，苗体易徒长，叶片薄而小，产量低，品质不佳。温度过低，生长缓慢，总产量低，衰老早。

② 光照　豌豆属长日照作物。在低温短日照下，低节位的分枝增多，花芽分化迟。因此，为促进多分枝，早分枝，提高产量，改善品质，应控制在低温短日照下生长为好。

③ 水分　为使豌豆苗鲜嫩，需保证较大的空气湿度和基质湿度。空气适宜湿度为 85%～90%，基质湿度为 60%～70%。

④ pH　基质适宜 pH 为 6.0～7.0。

（2）育苗盘生产

① 制订生产计划　以日光温室立体苗盘栽培豌豆苗为例，制订生产计划如下（表 9-2）：

表 9-2　日光温室豌豆苗立体苗盘生产计划（以每亩栽培面积计）

项目	内容
栽培季节	春季；冬季；夏秋季；周年
品种选择	白玉豌豆、日本小荚豌豆、青豌豆、花豌豆、麻豌豆等
播种时间	春季：3～6月；冬季：11月～次年2月；夏秋季：7～9月
用种量	(400～500g/盘)×盘数
生长周期	8～10d，多者 12～15d
采收标准	苗高 12～15cm，芽苗浅黄绿色，整齐一致，顶部复叶刚刚展开，茎端 7.0～8.0cm 柔嫩鲜嫩
预期产量	(1000～1500g/盘)×盘数
毛收入	(1.40～2.10 元/盘)×盘数

② 产前准备

a. 生产场地的选择　各类日光温室、塑料大棚等环境保护设施；废旧厂房或闲置房舍；夏季可在露地生产，但需配备遮阳网、遮阳棚遮阳。

生产场地要提前消毒，可以用 84 消毒液（主要成分：次氯酸钠）配水或者高锰酸钾溶液，用喷壶对场地喷洒。

b. 栽培床架和集装架　立体栽培床架，主要用于摆放多层苗盘进行立体栽培。集装架，主要用于方便整盘活体销售，提高产品运输效率。

c. 栽培容器与栽培基质　利用塑料育苗盘、育苗箱等做栽培容器。容器的消毒可分两步，第一步用高锰酸钾溶液浸泡苗盘，第二步将浸过的苗盘用清水洗净残留的药液，置于太阳下曝晒 3h，然后将其放在干燥的地方待用。

准备新闻纸、包装纸、白棉布、无纺布等洁净、卫生、轻便的基质。也可用珍珠岩、木屑、蛭石等基质。

d.运销工具 芽菜生长周期短，一般需要每天播种、每天上市，因此应结合自身条件，配备三轮车、自行车，甚至小货车等多种必要的运销工具。

e.生产用种 根据栽培计划与茬口安排，提前准备齐全生产所需的各类豌豆种子。

f.其他用品 还需准备一些盆、桶等作为清洗和浸种容器。有条件的温室还应设置水泥池，用于清洗苗盘。另外尚需配备压力式喷雾器、或背负式喷雾器、喷淋器等。

③ 操作步骤 见彩图 9-1。

④ 日常管理 见图 9-6。

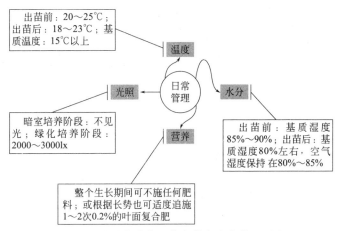

图 9-6 豌豆芽苗菜立体育苗盘生产管理要点

(3) 席地生产 席地生产的方法比较简单，单位面积产量较高，适用于大面积生产。

① 种子处理 豌豆苗席地生产需要的品种、选种和浸种过程与育苗盘生产相同。为了缩短生产周期，浸好种后还应催芽至露白再播种，这样生长效果较好。一般的做法是：将浸好的种子放在育苗盆里，实行保温（22～25℃）、保湿（空气湿度为 80%左右）、遮光（或在暗室内）催芽，每隔 6h 用清温水淘洗一次，同时进行倒盆（翻动种子），1d 后即可露白，露白后及时播种。

② 苗床准备 在平地上用砖砌成宽 1.0m、深 10cm，长度视情况而定的苗床，床内铺 5.0～8.0cm 厚的干净细沙，浇足底水，待水渗下后即可播种。

③ 播种与管理 在苗床上撒一层发芽露白的种子，覆盖 2.0cm 厚的细沙，再覆盖地膜保温保湿。待幼苗出土后，及时揭掉地膜，支小拱棚保温保湿促其生长。

基质干旱时要喷温水，基质温度应保持在 15℃以上。

④ 采收　一般在播后 10d 左右，当豌豆苗具 4～5 片真叶，苗高达 10～15cm，整齐一致，顶部叶开始展开，茎端 7～8cm 柔嫩未纤维化，芽苗浅绿色或绿色时及时采收。采收的方法是：从苗床一端将砖扒开，然后将豌豆苗由基部剪下，扎把上市。

9.2.2　萝卜芽

萝卜芽菜又称娃娃菜、娃娃缨萝菜、娃娃萝卜菜。

萝卜芽菜品质鲜嫩，风味独特，营养丰富，富含维生素 C 和维生素 A 及钙、磷、铁等矿物质。加之适合工厂化生产，经济效益高，清洁无污染，易于达到绿色食品标准而深受生产者和消费者欢迎。

萝卜苗可席地做畦基质栽培，也可利用育苗盘进行立体或席地栽培。每个生产周期为 5～7d，最多 10d。

(1) 对环境条件的要求　萝卜芽菜生长的最低温度为 14℃，最适温度为 20～25℃，最高温度为 30℃。基质适宜湿度为 60%～80%。基质 pH 为 5.3～7.0。

(2) 育苗盘生产　用育苗盘生产萝卜芽，既可摆盘上架进行立体栽培（图 9-7），也可席地平摆育苗盘栽培。所用的基质有珍珠岩、细沙或经过处理的细炉渣等，也可只铺一层报纸。

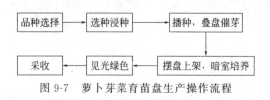
图 9-7　萝卜芽菜育苗盘生产操作流程

① 品种选择　不同品种的萝卜籽都可用来生产芽苗菜，其中以红皮水萝卜籽和樱桃萝卜籽较为经济。但为了保证生长迅速、幼芽肥嫩，选用绿肥萝卜种子最佳。

② 种子处理　选用种皮新鲜、富有光泽、籽粒大的萝卜一年生新种子，将其水选去瘪去杂。用 25～30℃的温水浸种，夏秋 3～4h，冬春 6～8h，种子充分吸水膨胀后捞出稍晾一会，待种子能散开时播种。

③ 播种　清洗苗盘，盘底铺 1～2 层纸（白棉布），用水浸湿，将种子均匀撒在纸上。播种量为 500～650g/m²。

④ 叠盘催芽　将 10 个播种后的苗盘上下摆叠在一起，置于温室适温处催芽。每天应对种子喷水 1 次，并进行 2～3 次翻倒。

⑤ 摆盘上架　待种子露白后，将苗盘移至培养架上，在黑暗处培养。

⑥ 见光绿化　采收前绿化 1～2d。

⑦ 采收　采收标准为高 10～12cm，子叶展平，肥厚翠绿，轴红根白，脆嫩清香。

（3）席地生产（图 9-8）

① 平地做苗床　将生产地块铲平，用砖砌宽 0.8～1.0m、深 12cm、长不限的苗床，在苗床内铺 10cm 厚的干净细沙，用温水将沙床喷透后即可播种。一般播种量为 150～200g/m²，均匀撒播，播种后盖上 1.0cm 厚的细沙，再覆地膜进行保温保湿催芽。在 15～20℃的温度下，2d 可出苗。

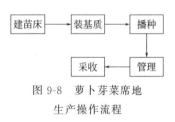

图 9-8　萝卜芽菜席地生产操作流程

② 苗床管理　播种 2d 左右，种子开始拱土，此时要及时揭掉地膜，揭地膜的时间应在傍晚。然后喷淋湿水，使拱起的沙盖散开，以助幼苗出土。芽苗出土后，搭小拱棚覆盖塑料薄膜，以保持其生长的黑暗环境。为了使芽体粗细均匀，快速生长，每次喷淋需用室温水，而且喷水不可太多，以防烂芽，诱发猝倒病。也不宜过干，以免幼苗老化，降低品质。

萝卜种子在发芽出苗期，应保持 15～20℃的温度。幼苗采收前 1～2d 可见光生长，进行绿化。

③ 采收　萝卜苗大小都可食用，所以采收时间不严格，但从商品角度考虑，还是以真叶刚吐心时采收最好。

9.2.3　绿豆芽

绿豆芽是用绿豆种子在无光、无土和适宜的温、湿度条件下萌发，至子叶未展开时的芽苗为产品的芽菜。食用部分主要是胚轴，未展开的子叶也可食用。一年四季均可栽培，是全年均衡供应的主要蔬菜。

（1）对环境条件的要求

① 温度　绿豆发芽期适宜温度为 20～25℃，生长期适宜温度为 25～30℃。

② 光照　绿豆为短日照植物，但对日照长短不敏感。

③ 湿度　基质相对湿度为 70%～80%，空间相对湿度为 80%～85%。

④ 基质 pH　为 6.5～7.0。

（2）容器生产

① 品种选择　绿豆的品种较多，而且都可以用来生产豆芽，其中以明绿和毛绿两个品种较好。生产绿豆芽必须用当年生产、籽粒饱满的种子，在对种子去杂去劣的同时，还要剔去籽粒小、皮皱坚硬的硬实种子。

② 栽培容器　需要的容器根据生产量确定，生产量少的可用育苗盘或育苗盆，生产量大的可用缸、大木桶或发芽池。所用的容器底部必须有排水孔，还需要麻袋、草帘或塑料薄膜等覆盖物。

③ 生产步骤　将选好的种子用清水洗净，在浸种池内用 25～30℃ 的清水浸泡 6～7h，待种子充分吸水膨胀时捞出，用清水淘洗干净，在育苗盆内平铺 10～12cm 厚，盖上保湿物，在 25℃、黑暗条件下催芽，每隔 4～6h 用清水淘洗一次，保持种子的湿度，并充分翻动种子，俗称倒缸（倒盆），使上下、内外温湿度均匀。当种子发芽后，则每隔 4～6h 用温清水喷淋一次，这时不可再淘洗，也不用再倒缸（倒盆），以防损伤芽体。喷淋时要缓慢、均匀，不可冲动种子，同时要打开排水孔，直到将多余的水彻底排净，方可堵上排水孔，及时盖上覆盖物继续培养，每天早上将排水孔堵上再喷淋，在不冲动种子的情况下，让种子都淹没在水中，随时将漂浮的种皮清除，打开排水孔将水排净，继续遮光培养。一般经过 5～7d，即可采收上市。

④ 采收方法　用手轻轻地将容器内的绿豆芽从表层开始一把一把地拔起，洗去种皮后包装上市。此时绿豆芽菜的标准为胚轴长 8.0～10cm，洁白，粗壮。子叶未展开，绿色。

(3) 席地生产　绿豆芽的生产，也可以席地做苗床，用沙培法培养（图 9-9）。这种生产方式的优点是产量高，品质好，生产周期短。缺点是收获和清洗时较费工。

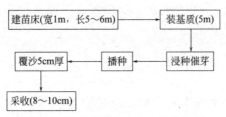

图 9-9　绿豆芽菜席地生产操作流程

① 建造苗床　在温室内做成宽 1.0m、长 5.0～6.0m 的平畦，再铺上干净的 5.0cm 厚的细沙，盖上地膜，苗床升温后播种。

② 种子处理　按每平方米苗床 10kg 的量选好种子，用 25～30℃ 的水浸种 8～10h，待种子充分吸水膨胀时捞出洗净，放在 20～25℃ 的条件下保湿遮光催芽，种子露白时播种。

③ 播种与管理　播种前将覆盖苗床的地膜揭开，按每平方米 5kg 温水喷淋苗床，待水渗下后，按每平方米苗床用种 10kg 的播量将露白的种子均匀地撒在苗床上，播后覆盖细沙 5.0～6.0cm 厚，随后盖地膜，保持温度在 22℃ 左右。绿豆芽生长较快，需水分较多，苗床必须保持潮湿，平时要喷温水，但不能积水，否则会烂芽。

④ 采收　一般 5～7d 后，幼芽开始拱土，这时芽长 8.0～10cm，幼芽粗壮白嫩，豆瓣似展非展，是收获的最佳时期。采收太早产量低，采收过晚，幼苗出土，子叶展开变绿影响质量。采收时先从畦的一端将沙子扒开，将绿豆芽一把一把地拔

出来，边扒沙子边拔绿豆芽，直到拔完为止。最后将绿豆芽用清水洗净包装上市销售。

9.2.4　花生芽

花生种子发芽后可作为芽菜食用，其产品除口感清脆、柔滑香甜、风味独特外，还因其所含蛋白质由贮藏蛋白转化为结构蛋白，更易为人体吸收，有利于人体健康，而被誉为"万寿果菜"。花生芽菜的培育技术如下（图9-10）。

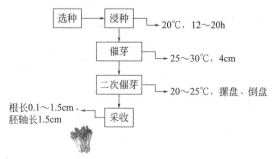

图 9-10　花生芽菜育苗盘生产操作流程

（1）选种　应选当年产花生，在种子剥壳时将病粒、瘪粒、破粒剔除，留下粒大、籽粒饱满、色泽新鲜、表皮光滑、形状一致的种子。

（2）浸种　花生种子在吸水量达自身重量40%以上时，才能开始萌动。但浸种时间不宜过长，在20℃清水中，一般浸种12～20h。浸种完毕后，在清水中淘洗1～2次。

（3）催芽　花生种仁在10℃时不能发芽，最适发芽温度为25～30℃，在3～4d后发芽率可达95%。催芽时用平底浅口塑料网眼容器或塑料苗盘盛装，种子厚度不超过4.0cm，每天淋水2～3次，每次淋水要淋透，以免种子过热发生烂种。

（4）二次催芽　在第一次催芽2～3d后，将催好芽的种子进行一次挑选，去除未发芽的种子，将已发芽的种子进行二次催芽，适宜温度为20～25℃。温度过高，生长虽快，但芽体细弱，易老化。温度过低，则生长慢，时间长易烂芽或子叶开张离瓣，品质差。花生芽生长期间始终保持黑暗，播种后将苗盘叠起，每5盘为一摞，最上面放一空盘，空盘上盖湿麻袋或黑色薄膜保湿、遮光。在芽体上压一层木板，给芽体一定压力，可使芽体长得肥壮。每天淋水3～4次，务必使苗盘内种子浇透，以便带走呼吸热，保证花生发芽所需的水分和氧气，同时进行"倒盘"。盘内不能积水，以免烂种。6～7d后即可采收。

（5）采收　发芽时胚根首先伸长突破种皮，同时胚轴也向上伸长、变粗。采收标准为：根长为0.1～1.5cm，乳白色，无须根；下胚轴象牙白色，长1.5cm左右，粗0.4～0.5cm；种皮未脱落，剥去种皮，可见乳白色略带浅棕色花斑纹的肥厚子叶。在正常情况下，一般每1kg种子可产3kg花生芽。

9.2.5　香椿芽

香椿种子千粒重为10～12g，平均单粒重0.011g，播后12～15d种芽单株重为0.10～0.12g，生物产量为种子重量的10倍，生物效率高于常规蔬菜。

采用多层立体基质栽培，人工调控环境，利用香椿种子萌发出的种芽代替传统的树芽，产量高，可分批播种，陆续上市，产品品质较树芽更为柔嫩，风味与其相仿，尤其冬季供应，清香四溢，味道更美，是一项值得推广的绿色芽菜生产技术。

以立体盘栽为例，香椿芽栽培技术如下（图9-11）。

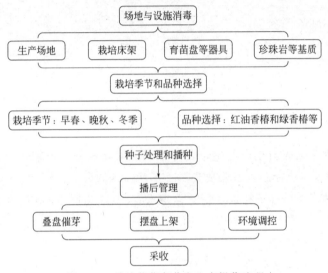

图9-11　香椿芽菜育苗盘生产操作流程

（1）栽培场所与栽培设施

① 栽培场所　可利用日光温室、塑料大棚、工业厂房或普通民房等作为栽培场所。

② 栽培设施　主要有栽培架、栽培容器与基质、喷水设备等。

（2）场地与设施消毒　场所和栽培架用5%甲酚皂（来苏尔）或高锰酸钾溶液消毒。塑料盘、珍珠岩等及其他器具用高锰酸钾溶液浸泡5～6h消毒，然后用清水冲净。

（3）栽培技术

① 栽培季节和品种选择

a.季节　早春、晚秋和冬季均可。

b.品种　可选红香椿和绿香椿。

② 种子处理和播种

a.种子处理　挑选发芽率在85%以上，纯度高，籽粒饱满、无污染的新种子。用手搓掉种子上的翅，清水洗净后，用25～30℃水浸种12h。捞出沥干水分，装入纱布袋，置于20～25℃下催芽。每天用温水淘洗1次，经3～4d，待芽长0.2～0.5cm时即可播种。

b.播种　播种前将基质装入栽培盘，浇透水，播后覆盖一薄层基质，然后再喷一次水，使之完全湿透。

③ 播后管理

a.叠盘催芽　将播好的栽培盘叠放在一起，15～20盘为一摞，叠放时要相互交错，上下盘之间留一定空隙，以利于通气，保证芽苗正常呼吸。

b.暗室培养　播后2～3d芽苗就可出齐，适时将栽培盘移至栽培架上。栽培室内的温度保持在25℃左右，湿度85%以上。每天喷水2～3次。

④ 采收　播后20～25d，苗高10cm左右，尚未木质化，子叶平展、肥大、心叶未长出时便可采收，此时单株重0.10～0.12g。

9.2.6　刺嫩芽

刺嫩芽为多年生木本植物，秋季落叶后芽进入深休眠状态，需经一定时期的低温才能萌发。因此，冬季采收刺嫩芽枝条的时间应在芽解除休眠期之后进行。辽南地区可在11月末进行，辽北地区可在11月上、中旬进行。采下的枝条，要尽快使用，不可风干。

冬季刺嫩芽生产要求温室保温效果好，温、湿度易控制，一般农用普通温室即可。芽菜生长要求温室最低温度在5℃以上，最高不超过35℃，室内日均气温20℃左右。湿度应控制在70%～80%。自然光照。

(1) 无基质水插（图9-12）　先在温室、大棚内沿南北向做栽培槽，宽度为1.0m，深度为20cm，长度依设施跨度而定，槽内铺1.8m宽的硬塑料，以便贮水。槽与槽之间留40～50cm宽的作业道。

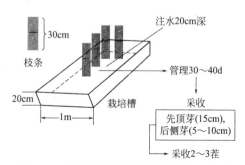

图9-12　刺嫩芽体芽菜的水插生产示意图

将刺嫩芽枝条剪成30cm长左右，消毒处理后，每50个捆成一捆，竖直放入栽培槽内，摆放量为800～1000个枝条/m²。枝条放满一槽后，向槽内注水20cm深，正常管理30～40d，当顶芽伸长至15cm以上时采收。顶芽采摘后侧芽相继伸长，当侧芽长5.0～10cm时再次采收。采后将枝条清除，进行下一茬芽菜生产。冬季可生产3茬芽菜。

（2）基质畦插（图9-13）　先在温室内沿南北向做栽培畦，畦宽1.0～1.2m，深20cm，长度依温室跨度而定。畦与畦之间留40～50cm宽的作业道。畦内衬0.15mm厚塑料薄膜，填入20cm厚的基质，基质可用河沙、细炉渣、蛭石＋珍珠岩、木屑等。基质填好后用直径1.5cm的尖木棍在畦床上每平方米均匀打出20个深孔，要求一定要刺透薄膜，以便渗水。

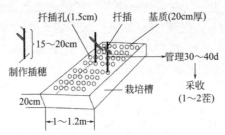

图9-13　刺嫩芽体芽菜的基质畦插生产示意图

将刺嫩芽枝条剪成15～20cm长的插段，将插段竖直插入基质中，深度为12～15cm，每平方米可插枝条500～800个，带顶芽和无顶芽的插段要分开插，以便管理和采收。插满后，浇一次透水，以便让枝条与基质充分接触。一般正常管理30～40d可采收。采收1～2茬后，清除插条，进行下一批生产。

关键技术 9-1　萝卜芽苗菜培育技术

1.1　技能训练目标
　　① 学会萝卜芽苗菜席地生产的苗床设计与建造方法。
　　② 熟悉萝卜芽菜的栽培管理要点。

1.2　材料与用具
　　绿肥萝卜籽2.5kg、红砖230块、0.1～0.2mm厚的塑料薄膜20m²、沙子1.0m³、1L喷壶4把。

1.3　方法与步骤
　　1.3.1　平地做苗床
　　将生产地块铲平，用砖砌成宽0.8m～1.0m、深10cm、长不限的苗床，内衬塑料薄膜。在苗床内铺5.0cm厚的干净细沙，用温水将沙床喷透后播种。一般播种量为150～200g/m²，均匀撒播，播种后盖上1.0cm厚的细沙，再覆地膜进行保温保湿催芽。在15～20℃的温度下，2d可出苗。

1.3.2 苗床管理

播种 2d 左右，种子开始拱土，此时要及时揭掉地膜，揭地膜的时间应在傍晚。喷淋湿水，使拱起的沙盖散开，以助幼苗出土。然后搭塑料拱棚，保持沙床黑暗。为了使芽体粗细均匀，快速生长，每次喷淋需用室温水，而且喷水不可太多，以防烂芽，诱发猝倒病。也不宜过干，以免幼苗老化，降低品质。

萝卜种子在发芽出苗期，应保持 15～20℃ 的温度。幼苗采收前 1～2d 可见光绿化。

1.3.3 采收

萝卜苗大小均可食用，因此采收时间不严格，但从商品角度考虑，还是以真叶刚露出时及时采收为好，此时幼苗高 10～12cm，子叶平展，充分肥大，叶绿、梗红、根白，全株肥嫩清脆，散发出香辛的萝卜气味，品质和风味极佳。

1.4 技能要求

① 萝卜芽菜栽培床建造符合要求，成本低。

② 萝卜芽菜外观好、品质优、价格高。

1.5 技能考核与思考题

1.5.1 技能考核

席地做苗床；播种水平；芽菜采收标准。

1.5.2 思考题

如果萝卜芽菜生长细弱，该如何调控？

第10章

有机生态型无土栽培

传统的无土栽培都是用无机化肥配制而成的营养液来灌溉作物，营养液的配制和管理需要具有一定文化水平并受过专门训练的技术人员来操作，难以被一般生产者所掌握。在我国，配制营养液的一些专用化肥，如硝酸钙、硝酸钾、硫酸镁以及微量元素肥料，不像普通化肥那样容易获得，而且成本较高。另外，营养液中硝态氮的含量占总氮量的90%以上，导致蔬菜产品器官中硝酸盐含量过高，不符合绿色食品的质量标准。上述这些因素都限制了无土栽培这一高新农业技术在我国的进一步普及和推广，因此，研究简单易行有效的基质栽培施肥技术，是加速无土栽培在我国推广应用的关键。"八五"期间中国农业科学院蔬菜花卉研究所无土栽培组经过几年的探索，首先研究开发出了一种以高温消毒鸡粪为主，适量添加无机肥料的配方施肥来代替用化肥配制营养液的有机生态型无土栽培技术。随后，有机生态型无土栽培技术在我国得以开发并迅速应用于生产。

10.1 有机生态型无土栽培概述

10.1.1 有机生态型无土栽培的概念与特点

有机生态型无土栽培是指用基质代替土壤，用有机固态肥取代营养液，并用清水直接灌溉作物的一种无土栽培技术。因而有机生态型无土栽培仍具有传统无土栽培的优点，例如提高作物的产量和品质，减少农药用量，产品洁净卫生，节水、节肥、省工，可利用非耕地生产蔬菜等。此外，它还具有以下一些特点：

(1) 用有机固态肥取代营养液 传统无土栽培是以各种无机化肥配制成一定浓度的营养液，以供作物吸收利用。有机生态型无土栽培则是以各种有机肥或无机肥的固体形态直接混施于基质中，作为供应栽培作物所需营养的基础，在作物的整个生长期中，可采取类似于土壤栽培追肥的方式分若干次将固态肥直接追施于基质中，以保持养分的供给时间和强度。

（2）操作管理简单　有机生态型无土栽培操作管理简单，它采取在基质中加入固态有机肥，在栽培过程中用清水灌溉的方法，较一般营养液栽培省去了营养液的配制和复杂的管理环节，一般人员只要经过简单培训，便可掌握操作管理技术。

（3）大幅度降低设施一次性投资成本，大量节省生产费用　由于有机生态型无土栽培不使用营养液，从而可全部取消配制和调控营养液所需的设备、测试系统，甚至定时器、水泵、贮液池等设施，从而大幅度降低设施系统的一次性投资成本。而且有机生态型无土栽培主要施用消毒的有机肥，与使用营养液相比，其肥料成本降低 60%～80%。从而大大节省了无土栽培的生产开支。

（4）对环境无污染　在传统无土栽培的条件下，灌溉过程中有 20% 左右的营养液排到系统外是正常现象，但排出液中盐浓度过高，易污染环境，如岩棉栽培系统排出液中硝酸盐的含量高达 212mg/L，对地下水有严重污染。而有机生态型无土栽培系统排出液中硝酸盐的含量只有 1～4mg/L，对环境无污染。

（5）产品质量可达"绿色食品"标准　有机生态型无土栽培从基质到肥料均以有机物质为主，其有机质和微量元素含量高，在养分分解过程中不会出现有害的无机盐类，特别是避免了硝酸盐的积累。植株生长健壮，病虫害发生少，减少了化学农药的污染，产品洁净卫生、品质好，可达"A级"或"AA级"绿色食品标准。

综上所述，有机生态型无土栽培具有投资少、成本低、省工、易操作和产品高产优质的显著特点。它把有机农业导入无土栽培，是一种有机与无机农业相结合的高效益、低成本的简易无土栽培技术，非常适合我国当今的国情。自从该技术推出以来，深受广大生产者的青睐。目前已在北京、广州、深圳、新疆、甘肃、广东、海南、山西等地有了较大面积的应用，起到了良好的示范作用，获得了较好的经济和社会效益。

10.1.2　有机生态型无土栽培对作物产量和品质的影响

（1）对产量的影响　以土壤栽培、蛭石无机肥栽培、营养液栽培和有机肥栽培等几种不同的栽培方式种植同样面积的番茄、黄瓜和甜瓜，比较不同栽培方式对作物产量的影响。调查结果表明（表 10-1），有机生态型无土栽培上述蔬菜作物的产量均高于其他模式的栽培，包括传统的营养液栽培，增产率详见表 10-1。

表 10-1　几种作物不同栽培模式产量的比较

作物品种	栽培面积/m²	施肥类型	增产率/%
番茄	200	有机肥 营养液 土壤	 61.18 78.95

作物品种	栽培面积/m²	施肥类型	增产率/%
黄瓜	200	有机肥 日本营养液 蛭石无机肥	63.04
甜瓜	200	有机肥 蛭石无机肥	17.65

用营养液栽培和鸡粪栽培两种方式各种植 1 亩的番茄，比较番茄不同生长时期的产量及总产量高低。由表 10-2 可见，除生长前期鸡粪栽培的番茄产量略低于营养液栽培的外，生长中期产量、生长后期产量和总产量鸡粪栽培的均远远高于营养液栽培的（表 10-2）。

表 10-2　番茄施用有机肥与营养液培产量的比较

栽培类型	面积	产量(高或低)			
		前期	中期	后期	总产量
营养液培	1 亩				
鸡粪栽培	1 亩	低 38kg	高 667kg	高 1236kg	高 1864kg

（2）对品质的影响　与传统无土栽培相比，有机生态型无土栽培能够降低蔬菜产品器官中硝酸盐的含量，特别是对于叶菜类蔬菜而言，效果更为明显（表 10-3）。而硝酸盐是一种致癌物质，为害人体健康，蔬菜产品中硝酸盐的含量越少越好，硝酸盐含量的高低直接关系到产品器官质量的优劣。

表 10-3　有机栽培与传统无土栽培对蔬菜中硝酸盐含量的影响

单位：mg/kg

栽培类型	番茄	樱桃番茄	生菜	黄瓜	菜豆
有机型	6.1	13.7	290	17.8	41.8
无机型	13.6	16.0	2028	35.4	90.8
降低比例/%	55	14	86	50	54

表 10-4 表明，有机生态型无土栽培可提高番茄果实中还原糖和维生素 C 的含量，增大糖/酸，但降低固形物和有机酸的含量。说明有机生态型无土栽培蔬菜可以获得优质产品。

表 10-4　无土栽培类型对番茄品质的影响

栽培类型	固形物/%	还原糖/%	有机酸/%	糖/酸	维生素 C/(mg/100g)
有机型	4.06	2.44	0.34	6.24	9.25
无机型	4.18	2.16	0.43	5.02	9.10
增幅/%	−2.8	13.0	−20.9	24.3	1.7

10.2 有机生态型无土栽培技术实施步骤

10.2.1 建造设施系统

设施系统主要包括栽培槽和供水系统两部分。

（1）栽培槽 有机生态型无土栽培的设施通常采用基质槽培的形式（图 10-1）。在无标准规格的成品槽供应时，可选用当地易得的材料建槽，如用木板、木条、竹竿甚至砖块。实际上只建没有底的槽框，所以不需特别牢固，只要能保持基质不散落到过道上就行。槽框建好后，在槽的内部铺一层 0.1mm 厚的聚乙烯塑料薄膜，以防止土壤病虫传染。槽框高 15～20cm，槽宽依不同作物而定。如栽培黄瓜、甜瓜等蔓性作物或植株高大需有支架的茄子等作物，栽培槽标准宽度定为 48cm，可供栽培两行作物，栽培槽间距 0.8～1.0m；如栽培生菜、油菜、草莓等植株较为矮小的作物，栽培槽宽度可定为 72cm 或 96cm，栽培槽间距 0.4～0.5m。槽长应依保护地棚室建筑状况而定，一般为 5.0～30m。

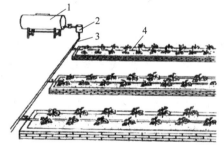

图 10-1 有机生态型无土栽培设施系统

1—贮水池；2—过滤器；3—供水支管；4—滴灌软管

（2）供水系统 在有自来水基础设施或水位差 1.0m 以上储水池的条件下，按单个棚室建成独立的供水系统。输水管道和其他器材均采用塑料制品以节省资金。栽培槽宽 48cm，可铺设滴灌软管（软带）1～2 根，栽培槽宽 72cm 或 96cm，可铺设滴灌软管 2～4 根（图 10-2）。

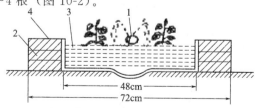

图 10-2 栽培槽横面观

1—滴灌带；2—砖；3—有机基质；4—薄膜

10.2.2　配制合适的基质

有机生态型无土栽培基质的原料资源丰富易得，处理加工简便，如玉米、向日葵秸秆，农产品加工后的废弃物如椰壳、蔗渣、酒糟，木材加工的副产品如木屑、树皮、刨花等，都可按一定比例配制使用。为了调整基质的物理性能，可加入一定量的无机物质，如蛭石、珍珠岩、炉渣、沙等，有机物与无机物之比按体积计可为 $(2:8)\sim(8:2)$。混配后的基质容重在 $0.30\sim0.65\text{g/cm}^3$，每立方米基质可供净栽培面积 $6\sim9\text{m}^2$ 用（假设栽培基质的厚度为 $11\sim16\text{cm}$）。常用的混合基质有草炭：炉渣 $=4:6$，葵花秆：炉渣：木屑 $=5:2:3$，草炭：珍珠岩 $=7:3$，等等。基质的养分水平因所用有机物质原料不同，可有较大差异，以后通过追肥保证作物对养分的总体需求。

10.2.3　确定适宜的肥料

可以全程都使用有机固态肥，也可以以有机固态肥为主，配合使用适量无机化肥。常用的有机肥种类有饼肥、作物秸秆、动物粪便以及食用菌废料等。

10.2.4　制定操作规程

(1) 栽培管理规程　主要根据市场需求、价格状况，确定适合种植的蔬菜类型、品种搭配、上市日期，制订播种育苗时期、定植密度、植株调整等技术操作规程表。

(2) 肥料管理规程　肥料供应量以氮、磷、钾三要素为主要指标，每立方米基质所施用的肥料内应含有：全氮（N）$1.5\sim2.0\text{kg}$、全磷（P_2O_5）$0.5\sim0.8\text{kg}$、全钾（K_2O）$0.8\sim2.4\text{kg}$。这一供肥水平，足够一茬番茄亩产 $8000\sim10000\text{kg}$ 的养分需求量。

为了在作物整个生育期内均处于最佳供肥状态，通常依作物种类及所施肥料的不同，将肥料分期施用。应在向栽培槽内填入基质之前或前茬作物收获后、后茬作物定植前，先在基质中混入一定量的肥料（如每立方米基质混入 10kg 消毒鸡粪、1kg 磷酸二铵、1.5kg 硫铵和 1.5kg 硫酸钾）作基肥，这样番茄、黄瓜等果菜类蔬菜在定植后 20d 内不必追肥，只需浇清水，20d 后每隔 $10\sim15\text{d}$ 追肥 1 次，均匀地撒在离根 5.0cm 以外的部位。基肥与追肥的比例为 $(25:75)\sim(60:40)$，每次每立方米基质追肥量为：全氮（N）$80\sim150\text{g}$、全磷（P_2O_5）$30\sim50\text{g}$、全钾（K_2O）$50\sim180\text{g}$。追肥次数以所种作物生育期的长短而定。

(3) 水分管理规程　根据栽培作物种类确定灌水定额，依据生长期中基质含水状况调整每次灌溉量。定植前一天，灌水量以达到基质饱和含水量为度，即应把基质浇透。定植以后，每天灌溉 1 次或 $2\sim3$ 次，保持基质含水量达 $60\%\sim85\%$（按占干基质体积计）。一般在成株期，黄瓜每天每株每次浇水 $1\sim2\text{L}$，番茄 $0.8\sim$

1.2L，甜椒 0.7～0.9L。灌溉的水量和次数必须根据气候变化及植株大小进行调整，阴雨天停止灌溉，冬季隔 1d 灌水 1 次。

10.3 有机生态型无土栽培的发展前景

我国拥有 30 万 hm² 日光温室，但无土栽培面积只有 300hm²，仅占我国温室面积的千分之一，而日本无土栽培面积则占温室面积的 20%，荷兰等国占温室面积的 80% 以上。无可置疑，无土栽培这一农业新技术在我国具有广阔的发展前景，日光温室需要符合国情的无土栽培技术。有机生态型无土栽培技术突破了无土栽培必须使用营养液的传统观念，以有机固态肥取代营养液，不仅大大降低了无土栽培的一次性投资成本和运转费用，而且大大简化了无土栽培的操作环节，使无土栽培技术在广大农民心目中由深不可测变得简单易学。

有机生态型无土栽培技术为我国首创，目前已在广州、深圳、北京、甘肃、山西等地有了较大面积的推广和应用，取得了良好的经济效益和社会效益，为我国无土栽培的发展开辟了一条新的途径。如中国农业科学院蔬菜花卉所设施园艺研究开发中心采用有机生态型无土栽培技术种植番茄年亩产已突破 4 万斤（1 斤＝500g），在国内处于领先地位。但该技术毕竟研究年限尚短，从表面上看有机生态型无土栽培设施极其简单，给人的感觉似乎没有传统营养液无土栽培设备复杂、技术深奥。实际上，只有用有机生态型无土栽培，才能生产出"有机食品"，也就是中国绿色食品发展中心规定的"绿色食品"。而用化肥配制营养液来生产蔬菜，不符合"绿色食品"的生产要求，只能是花钱多，相对产品质量低，事倍功半。另外，经过多年的研究、比较、总结、归纳而成的现可在生产上应用的有机生态型无土栽培系统，其内涵要比营养液栽培深刻得多。众所周知，有机物质的生物转化及其养分供应也远较无机物质复杂得多。因此，有机生态型无土栽培技术仍有待于更加深入地探索、提高和完善，从而创造出更高的产量记录。

有机生态型无土栽培作为设施园艺的一部分，随着我国设施园艺和世界有机农业的发展，以及社会对优质、高档、安全、卫生的健康绿色食品的需求，以其适用性广、成本低廉、操作管理简单、产品高产优质等特点，必将成为 21 世纪设施农业的主导技术，其发展前景广阔，社会与经济效益显著。

关键技术 10-1　樱桃番茄有机生态型基质槽培技术

1.1　技能训练目标

① 理解樱桃番茄基质槽培的设施组成和设计特点。

② 熟悉樱桃番茄有机生态型基质培的肥水管理要点。

③ 学会樱桃番茄的植株调整技术。

1.2 材料与用具

番茄种子 15g；105 孔塑料育苗盘 40 只；沙子（0.6～2.0mm）、珍珠岩、草炭、炉渣共约 30m³；腐熟鸡粪 2000kg；N、P、K 复合肥 80kg；磷酸二氢钾 3kg；砖块 10000 块；0.1～0.2mm 厚黑色塑料薄膜 60kg；灌溉设备一套；铁锹 10 把。

1.3 方法与步骤

1.3.1 栽培槽规格与制作

栽培槽规格为宽 72～96cm、深 15～20cm、坡度至少为 1∶200，长根据温室跨度而定。可先在地面直接挖出略宽的土槽，然后四围用砖块砌成槽框，内衬 1 层或 2 层塑料薄膜，装填经消毒的基质（预先配制好的复合基质）。最后在基质上铺设灌溉系统。

1.3.2 育苗和定植

可采用塑料穴盘或塑料钵育苗，冬季和早春日历苗龄一般为两个月左右，夏季苗龄一般为一个半月左右。当幼苗具有 5～7 片真叶时即可定植，定植时株距为 35～40cm，每亩用苗 2400～2700 株。

1.3.3 肥水管理

（1）底肥与追肥　配制基质时，混入一定量的肥料作为底肥，每立方米基质施鸡粪 10kg、复合肥 1.0kg。定植缓苗后，追 1 次肥料，每立方米基质追鸡粪 2.0kg、复合肥 0.5kg。以后每隔 10～15d 追施 1 次肥料，鸡粪与复合肥交替追施。为提高产量和改善品质，根部施肥可与叶面追肥结合进行，如用 0.2% 的磷酸二氢钾每隔 7d 左右叶面喷施 1 次。

（2）水分　番茄除追肥外，平时只需浇清水即可。每天 1～2 次，每次滴灌 10min 左右。

1.3.4 植株调整

主要有整枝、吊蔓、绕蔓、疏花、疏果、保花、保果、除叶、打杈、落蔓、摘心等。

1.4 技能要求

① 基质消毒全面、彻底。

② 幼苗定植技术准确、熟练、不伤根，定植后缓苗快。

③ 能够根据幼苗长势长相判断其生长发育正常与否。

④ 栽培设施结构简单、建造容易、牢固实用。

⑤ 肥水管理到位、科学，栽培效果好。

1.5　技能考核与思考题

1.5.1　技能考核

栽培槽设计、建造技术；肥水管理技术；植株调整技术。

1.5.2　思考题

比较樱桃番茄常用整枝方式的优缺点。

关键技术 10-2　迷你黄瓜有机生态型基质袋培技术

2.1　技能训练目标

① 认识迷你黄瓜有机基质袋培的设施组成。

② 掌握迷你黄瓜定植和定植后栽培管理技术。

2.2　材料与用具

迷你黄瓜适龄壮苗；卷尺；珍珠岩、蛭石等基质；塑料薄膜；玻璃丝绳；铁锹；高锰酸钾或多菌灵药剂；喷壶；消毒鸡粪；复合肥等。

2.3　方法与步骤

2.3.1　栽培袋规格

栽培袋要求盛装基质后截面呈梯形，高度为 15~20cm，底面宽 25~30cm，长度为 10~20m，栽培袋的坡降为 1：75 或 1：100。按此规格剪裁塑料薄膜，备用。

2.3.2　基质组配、填装与消毒

复合基质的配方为珍珠岩：蛭石：草炭＝1：1：2，在组配基质的同时混入肥料作底肥，底肥为有机肥（消毒鸡粪）1500kg/亩、复合肥（撒可富）30kg/亩。然后将复合基质填到平铺于地面的塑料薄膜中央，使其截面呈梯字形，每袋内基质上方铺设一条滴灌软管。将市售的 40% 甲醛稀释 50~100 倍，把基质均匀喷透。沿薄膜宽幅两侧把薄膜拉起来，每隔 1m 左右用一条玻璃丝绳扎紧使其呈长袋状，密闭消毒 24~48h。消毒结束后，打开栽培袋晾晒基质两周后重新扎起备用。袋与袋间距为 80cm 左右。

2.3.3　定植

将迷你黄瓜壮苗按 35~40cm 的株距定植于栽培袋内的基质中，定植深度以苗坨表面和基质表面持平即可。

2.3.4　定植后的管理

（1）浇水　缓苗后蹲苗 2~3d，促进根系生长，以后每天供水 1~2 次，每次 10~15min。

（2）追肥　根瓜坐住后进行第一次根部追肥，用复合肥20kg/亩。根瓜采收后每隔10～15d穴施一次有机肥100kg/亩，或复合肥15kg/亩，共2～3次。条件允许时，叶面可每隔5～7d喷施一次0.2%～0.4%的磷酸二氢钾溶液。

（3）植株调整　采用单蔓整枝的方式，其他长出的侧枝应及时抹掉，以免消耗营养。即定植后当黄瓜幼苗长出4～5片叶后，在温室下弦杆上按种植行行位拉两道10号铁丝，每行植株基部用吊绳一端系住，另一端系在顶部铁丝上。随着植株的长高，要及时把植株绕在吊绳上，一般每2～3d绕1次。主茎上的第1～4节位不留瓜，以促进营养生长。迷你黄瓜结果力强，生长过程中要进行疏花疏果，一般每1节位留1～2条瓜，多余的和不正常的花果及时去除，以集中营养供给，保证正品率。植株生长够健壮的情况下，可在主蔓80cm高以上的节位留回头瓜，以增加瓜的条数和提高总产量。当植株长到超过架顶20～30cm时将下部老叶、病叶打掉，并落蔓往下坐秧。

（4）调节温度，加强通风换气　气温白天保持在25～29℃，夜间15～18℃。基质温度维持在21℃左右。

2.4　技能考核与思考题

2.4.1　技能考核

写出总结报告，说明迷你黄瓜有机生态型基质袋培的栽培袋制作方法、肥料混入以及植株调整技术。

2.4.2　思考题

说明迷你黄瓜的生物学特性。

参 考 文 献

[1] 郭世荣.无土栽培学.北京：中国农业出版社，2003.

[2] 王华芳.花卉无土栽培.北京：金盾出版社，1997.

[3] 蒋卫杰，等.蔬菜无土栽培新技术（修订版）.北京：金盾出版社，2008.

[4] 葛晓光.蔬菜无土育苗.沈阳：辽宁科学技术出版社，1999.

[5] 蒋卫杰，刘伟，余宏军.蔬菜无土栽培100问.北京：中国农业出版社，1999.

[6] 杨家书.无土栽培实用技术.沈阳：辽宁科学技术出版社，1997.

[7] 王耀林，张志斌，葛红.设施园艺工程技术.郑州：河南科学技术出版社，2000.

[8] 王久兴，王子华.现代蔬菜无土栽培.北京：科学技术文献出版社，2005.

[9] 连兆煌.无土栽培原理与技术.北京：中国农业出版社，1996.

[10] 刘士哲.现代实用无土栽培技术.北京：中国农业出版社，2001.

[11] 范双喜.现代蔬菜生产技术全书.北京：中国农业出版社，2004.

[12] 邢禹贤.新编无土栽培原理与技术.北京：中国农业出版社，2002.

[13] 辽宁省农牧业厅园艺处.保护地蔬菜栽培技术问答.北京：中国农业出版社，1990.

[14] 山东农业大学.蔬菜栽培学各论.北方本.3版.北京：中国农业出版社，1999.

[15] 李能芳，刘永富.无公害蔬菜栽培技术.成都：四川科学技术出版社，2004.

[16] 司亚平，何伟明.蔬菜穴盘育苗技术.北京：中国农业出版社，1999.

[17] 王化.蔬菜现代育苗技术.上海：上海科学技术出版社，1985.

[18] 浦学友，左文中.大棚西瓜有机生态型无土栽培技术研究.浙江农业科学，2010（2）：61-64.

[19] 李小晶，袁信，李雅凤.日光温室草莓固体无土栽培技术.陕西农业科学，2010（5）：234.

[20] 彭世勇，马威.基质槽培设施建造技术.上海蔬菜，2017（1）：69-70.

[21] 彭世勇，马威.立体管道水培设施制作技术.上海蔬菜，2017（2）：80-81.

[22] 彭世勇，马威.几种管道水培设施制作技术.长江蔬菜，2017（2）：12-13.

[23] 彭世勇.空心菜有机生态型基质槽培技术.上海蔬菜，2019（4）：26-27.

[24] 彭世勇，马威.苦苣菜有机生态型立体盆式基质栽培技术.长江蔬菜，2019（4）：16-18.